Word/Excel/PPT/AI 办公应用

张娟◎ 编著

从入门到精通

北京大学出版社
PEKING UNIVERSITY PRESS

内 容 简 介

本书通过精选案例引导读者深入学习，系统介绍了使用Word/Excel/PPT办公应用的相关知识及借助AI的辅助与应用。

本书分为4篇，第1篇"Word办公应用篇"主要介绍Word的基本操作，使用图和表格美化Word文档，以及长文档的排版等；第2篇"Excel办公应用篇"主要介绍Excel的基本操作，初级数据处理与分析，图表、数据透视表和数据透视图，以及公式和函数的应用等；第3篇"PPT办公应用篇"主要介绍PowerPoint的基本操作，动画和多媒体的应用，以及放映幻灯片等；第4篇"Office AI助手——Copilot篇"主要介绍Copilot助力文本处理与改写、数据处理与分析、演示文稿的制作与美化等。

本书不仅适合计算机初级、中级用户学习，也可以作为各类院校相关专业学生和计算机培训班学员的教材或辅导用书。

图书在版编目(CIP)数据

Word/Excel/PPT/AI办公应用从入门到精通 / 张娟编

著. -- 北京：北京大学出版社，2024. 11. -- ISBN 978-7-301-35555-8

Ⅰ. TP317.1

中国国家版本馆CIP数据核字第2024VB5679号

书　　　名	Word/Excel/PPT/AI办公应用从入门到精通
	Word/Excel/PPT/AI BANGONG YINGYONG CONG RUMEN DAO JINGTONG
著作责任者	张　娟　编著
责 任 编 辑	王继伟　姜宝雪
标 准 书 号	ISBN 978-7-301-35555-8
出 版 发 行	北京大学出版社
地　　　址	北京市海淀区成府路205 号　　100871
网　　　址	http://www.pup.cn　　新浪微博:@ 北京大学出版社
电 子 邮 箱	编辑部 pup7@pup.cn　总编室 zpup@pup.cn
电　　　话	邮购部 010-62752015　发行部 010-62750672　编辑部 010-62570390
印 刷 者	北京溢漾印刷有限公司
经 销 者	新华书店
	787毫米×1092毫米　16开本　16.75印张　403千字
	2024年11月第1版　2024年11月第1次印刷
印　　　数	1-4000册
定　　　价	79.00元

Word/Excel/PPT/AI 很神秘吗?

不神秘!

学习 Office 难吗?

不难!

阅读本书能掌握 Office 的使用方法吗?

能!

为什么要阅读本书

Office是我们日常办公不可或缺的工具，主要包括 Word、Excel、PowerPoint 等组件，广泛应用于财务、行政、人事、统计和金融等众多领域。本书从实用的角度出发，结合应用案例，模拟了真实的办公环境，同时引入主流的 AI 模型以及微软的 Copilot 助手，旨在帮助读者全面、高效地掌握 Word/Excel/PPT/AI 在办公中的应用。

本书内容导读

第1篇（第1~3章）为 Word 办公应用篇。主要介绍了 Word 中的各种操作，通过对本篇的学习，读者可以掌握如何在 Word 中进行文字输入、文字调整、图文混排，以及在文字中添加表格和图表等操作。

第2篇（第4~8章）为 Excel 办公应用篇。主要介绍了 Excel 中的各种操作，通过对本篇的学习，读者可以掌握 Excel 的基本操作、初级数据处理与分析以及图表、公式和函数的应用等操作。

第3篇（第9~11章）为 PPT 办公应用篇。主要介绍了 PowerPoint 中的各种操作，通过对本篇的学习，读者可以掌握 PPT 的基本操作、动画和多媒体的应用及如何放映幻灯片等。

第4篇（第12~14章）为 Office AI助手——Copilot 篇。主要介绍了 Copilot 的应用技巧，通过对本篇的学习，读者可以利用 Copilot 助力文本处理与改写、数据处理与分析、演示文稿的设计与制作等。

选择本书的 N 个理由

❶ 简单易学，案例为主

以案例为主线，贯穿知识点，实操性强，与读者的需求紧密结合，模拟真实的工作与学习环境，帮助读者解决在实际工作中遇到的问题。

❷ AI 支招，高效实用

本书的"AI高效秘技"板块，不仅汇集了一系列实用的 AI 办公技巧，更为读者提供了一个显

著提高工作效率的宝库。这些技巧旨在满足读者在阅读过程中对于 AI 应用的渴望，精准地解决读者在工作和学习中遇到的各种常见难题，给读者带来更高效的工作与学习体验。

❸ 举一反三，巩固提高

本书的"举一反三"板块，提供了与本章知识点有关或类型相似的综合案例，帮助读者巩固所学内容并提高应用水平。

❹ 海量资源，实用至上

赠送大量实用的模板、应用技巧及辅助资料等，便于读者学习及练习。

✉ 超值电子资源

❶ 10 小时名师指导视频

教学视频涵盖本书所有知识点，详细讲解了每个实例的操作过程和关键点。读者可以更轻松地掌握 Office 的使用方法和技巧，获得更多的知识。

❷ 超多、超值资源大奉送

赠送本书同步教学视频、素材与结果文件、1000 个办公常用模板、函数查询手册、Windows 11 操作教学视频等超值资源，以方便读者扩展学习。

> ┃ 温馨提示 ┃
>
> 以上资源，读者可以扫描右侧二维码，关注"博雅读书社"微信公众号，输入本书 77 页的资源下载码，根据提示获取。

博雅读书社

👥 读者对象

（1）没有任何 Office 应用基础的初学者。

（2）想学会 AI 应用技能的读者。

（3）有一定应用基础，想精通 Office 应用的人员。

（4）有一定应用基础，没有实战经验的人员。

（5）大专院校及培训学校的教师和学生。

☢ 创作者说

本书由郑州升达经贸管理学院的张娟老师编著。如果读者读完本书后惊奇地发现"我已经是 Office 办公达人了"，就是让编者最欣慰的结果。

在本书编写过程中，我们竭尽所能地为您呈现最好、最全的实用功能，但仍难免有疏漏和不妥之处，敬请广大读者不吝指正。若您在学习过程中产生疑问或有任何建议，可以通过 E-mail 与我们联系。我们的电子邮箱是：pup7@pup.cn。

目 录
CONTENTS

第 3 章 Word 高级应用—— 长文档的排版

第 2 篇 Excel 办公应用篇

第 4 章 Excel 的基本操作

第 4 篇　Office AI 助手——Copilot 篇

第 12 章　Copilot 助力文本处理与改写

第 13 章　Copilot 助力数据处理与分析

第 14 章　Copilot 助力演示设计与制作

第 0 章

AI 时代下的工作革命

本章导读

本章介绍了 AI 的概念、AI 对工作方式的深远影响，并阐述了如何有效利用 AI 提高工作效率。同时，还详细介绍了一些前沿的 AI 模型，它们在提高生产力方面发挥着重要作用。最后，本章为读者提供了实用的指导，帮助读者迅速掌握 AI 工具的使用方法，实现与 AI 的自然交互，从而简化工作流程，进一步提升工作效率。

思维导图

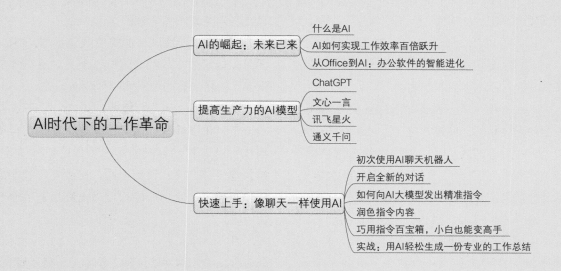

0.1 AI 的崛起：未来已来

人工智能正以前所未有的速度重塑我们的工作与生活。本节将带你了解AI，以及AI是如何提高效率的。

0.1.1 什么是 AI

AI（Artificial Intelligence）就是人工智能，它就像拥有了超能力的电脑，可以帮助我们解决很多问题。想象一下，如果电脑不仅能按照我们设定好的指令工作，还能思考、学习新东西，甚至理解我们说的话、预测我们的需求，那不就是个"聪明人"了吗？没错，这就是AI。

举个例子，你与手机中的语音助手进行互动，比如Siri或小爱同学。当你问："嘿，今天外面冷吗？"它们就能明白你的意思，接着像个小秘书一样去网上查天气，然后告诉你今天的气温、风力，还会贴心地提醒你是否需要多穿或少穿衣服。这个过程就像下面这样。

（1）听懂你的话：语音助手通过AI的语音识别技术，把你的问题"今天外面冷吗"转化为AI能理解的文字信息。

（2）理解意图：AI会分析这句话，知道你在关心天气状况，尤其是温度。

（3）获取信息：语音助手连接到互联网上专业的天气服务，就像它自己上网查资料一样。

（4）回答问题：AI将查询到的天气数据整理成易懂的语言，并根据气温给出穿衣建议，然后通过语音合成技术，将这些"说"给你听。

这一连串流畅的操作，只是AI在我们日常生活中的一个小应用。AI的触角已经延伸至医疗诊断、股票交易、智能家居、机器人技术、无人驾驶、语音识别、图像识别、虚拟助手和智能客服等多领域。

再来说说AIGC，它是AI的一个"创作型"分支。如果说AI是全能助理，那么AIGC就是才华横溢的艺术家。它能根据你的要求，创作出全新的内容。

（1）写文章：你只要给AIGC一个主题，比如"春天的公园"，它就能帮你写出一篇描绘春日美景的文章，字里行间洋溢着诗意和画意，仿佛出自专业作家之手。

（2）画画：当你想看"月光下的海景"时，AIGC就能画出一幅意境深远的画作，色彩、构图都恰到好处，让人难以相信这是机器创作的。

（3）作曲：你给AIGC几个关键词，比如"浪漫、慢舞、爵士风格"，它就能谱写出一首适合两人共舞的优美曲子。

（4）视频：通过一些简单的提示词，AIGC便可以轻松生成视频，这一创新为内容创作者带来了前所未有的便利性和可能性。

现在流行的AIGC模型，如ChatGPT、文心一言、讯飞星火、通义千问等，就是这样的创作大师。它们不仅提高了我们的工作效率，如快速生成文案、设计草图，更激发了我们的创作灵感，让我们能轻松创作出高质量的个性化内容。

目前，AI已经深入我们生活的方方面面，从日常交流、购物娱乐到工作学习、健康管理，其身影无处不在。尽管AI尚不能完全替代人类的智慧和创造力，偶尔也会出现理解偏差或错

误，但其持续进化的趋势不容忽视。随着科研人员不断优化算法、提升计算能力，未来的AI将更加精准、灵活，有能力解决更复杂的问题，并创造更多令人意想不到的价值。简而言之，AI已经从实验室走向大众，正处于快速发展且日益普及的阶段。

0.1.2 　AI 如何实现工作效率百倍跃升

AI技术正逐渐成为提高工作效率的重要工具，其强大的计算能力和学习能力为工作效率的大幅提升提供了可能。特别是AIGC模型，其应用已经深入到了各个层面，显著提高了我们的工作效率。

首先，AIGC模型可以帮助我们自动生成文档。例如，在处理Office文档时，我们可以使用AIGC模型来自动生成报告、邮件、简历等。通过输入关键信息，AIGC模型可以快速生成高质量的文档，大大减少了手动编写的时间。

其次，AIGC模型可以帮助我们自动化处理数据。在实际工作中，我们经常需要处理大量的数据，如Excel表格、数据库等。AIGC模型可以帮助我们自动化地提取、分析和总结数据，从而提高数据处理的速度和准确性。

以处理Excel表格为例，我们可以使用AIGC模型来自动提取关键数据，生成图表和报告。例如，我们可以输入一些关键指标，如销售额、利润等，AIGC模型会自动生成相关的图表和报告，帮助我们快速了解业务情况，做出决策。

最后，AIGC模型还可以帮助我们自动地处理日常沟通工作。在实际工作中，我们经常需要与同事、客户等进行沟通，如发送邮件、安排会议等。AIGC模型可以帮助我们自动生成邮件内容、会议议程等，从而减少沟通的时间和成本。

以处理邮件为例，我们可以使用AIGC模型来自动化地生成邮件。例如，当收到一封询问产品信息的邮件时，我们可以输入一些关键信息，如产品特点、价格等，AIGC模型会自动生成一封完整的回复邮件，帮助我们快速回复客户。

总之，AIGC模型通过自动化和智能化的方式，可以帮助我们快速处理日常工作，提高工作效率。在实际应用中，我们可以根据具体的工作场景和需求，选择合适的AIGC模型，实现工作效率的百倍跃升。

0.1.3 　从 Office 到 AI：办公软件的智能进化

随着人工智能技术的不断发展，办公软件也迈入了智能化的新时代。Microsoft 365 的 Copilot 和 WPS AI 作为代表性的智能办公软件，凭借其强大的AI功能，大大提高了办公效率，实现了智能办公。

1. Microsoft 365

Microsoft 365 将 AI 助手 Copilot 无缝嵌入到了 Word、Excel、PowerPoint 等核心应用中，助力用户更高效地完成各类办公任务。比如在 Word 中，Copilot 能够根据用户输入的几个关键词，自动生成完整的文档草稿；在 Excel 里，它能够分析数据并给出直观的图表建议，帮助用户更快地洞察数据趋势。此外，PowerPoint 中的设计建议功能可以自动为演示文稿提供美观的布局和格式选择，极大地简化了演示文稿的制作过程。下图为Microsoft 365的Word组件唤起的Copilot界面，用户在对话框中输入要求即可。

可以通过本书的第4篇内容学习Copilot的应用方法。

2. WPS AI

WPS AI由金山办公倾力打造，具备强大的AI功能，可以帮助用户实现智能办公。在WPS文字应用中，用户不仅能够轻松阅读文档，更能借助AI技术生成丰富多样的内容。WPS表格巧妙地融入了AI技术，实现了公式的快速编写、操作的便捷化及数据的深入分析。而在WPS演示中，用户仅需简单的操作，即可快速生成精美的幻灯片，并享受智能排版及自动生成演讲备注等便捷功能。下图为WPS文字中AI功能的唤起界面，用户可以生成各类内容。

若对WPS AI有浓厚兴趣，或期望深入了解与学习相关知识，我们推荐您阅读《WPS Office文字+表格+演示+PDF+云办公五合一从入门到精通》一书。该书内容详尽，从基础概念讲起，逐步深入，旨在帮助读者全面掌握WPS AI的应用技巧，实现高效办公。

0.2 提高生产力的 AI 模型

AI的迅猛发展催生了许多先进的AI大模型，如ChatGPT、文心一言、讯飞星火及通义千问等。这些AI大模型在自然语言处理、图像识别、语音识别和其他复杂任务中均展现出了卓越的性能。本节主要介绍几种常见的AI大模型。

0.2.1 ChatGPT

ChatGPT是由OpenAI开发的一款智能对话模型，可以回答问题、提供建议，甚至是进行简单的娱乐。

ChatGPT的工作原理很简单：你仅需输入一段文字，比如一个问题或是一句话，它就会分析这些文字，然后深入剖析这些文字背后的含义，并做出回应。它可以回答你的问题、与你进行简单的对话，甚至是跟你讲笑话或讲故事。下图为ChatGPT网页版页面，用户在页面中可以与ChatGPT进行互动。

0.2.2　文心一言

文心一言是百度研发的知识增强大语言模型，能够与人对话和互动，协助用户进行创作，帮助用户高效、便捷地获取信息、知识和灵感。

文心一言可以根据用户的提问，快速生成回答。它还可以生成文本，比如生成一篇文章或一封邮件等。

在浏览器中搜索"文心一言"，进入其官网，打开使用页面。如果用户还没有百度账号，需要先注册一个账号，才能登录和使用文心一言。下图为文心一言的首页，用户可以在输入框中输入问题，与其进行对话。

用户主要通过发送指令与文心一言进行交流，文心一言的百宝箱功能为用户提供了丰富

的指令库。点击页面左侧的【百宝箱】图标，即可展开该窗口，如下图所示。此时，可以看到一言百宝箱包含创意写作、灵感策划、情感交流等多个领域。用户可以通过这些指令，迅速获取所需信息或完成特定任务。例如，在创意写作方面，百宝箱提供了诗歌创作、视频脚本创作、剧本创作等多种创作模板，用户可以轻松通过指令，与文心一言进行交流。

除了网页版，用户还可以在手机中下载文小言App。文小言App是基于文心一言大模型开发的手机版智能助手，其功能覆盖了生活、学习、工作、娱乐等多场景。

0.2.3　讯飞星火

讯飞星火是科大讯飞自主研发的认知智能大模型，其功能丰富、应用场景广泛，同样具备跨领域的知识和语言理解能力，可以为用户提供高效、便捷的智能服务，提升用户的生活质量和工作效率。

在浏览器中搜索"讯飞星火"，进入其官网，打开使用页面，如下图所示。在输入框中，用户可以插入文件、输入语音等。输入框上方提供了丰富的插件，用户可以单击使用。

另外，讯飞星火支持手机App版和微信小程序版。

0.2.4　通义千问

通义千问是阿里云研发的一款高级人工智能助手，专注于通过自然语言处理技术提供全面、精确的信息服务和个性化的交互体验。它深度融合了海量知识资源，能理解复杂语境，以近乎真人对话的方式回应用户的各种问题。

在浏览器中搜索"通义千问"，进入其官网，打开使用页面，如下图所示。通义千问的主要功能包括文本问答、图片理解和文档解析等，其中【指令中心】集成了众多指令，简化了复杂任务的执行过程，提供一键式访问预定义功能与专业工具。页面右上角的【百宝袋】集成了多样的实用工具与资源，助力用户在多种场景下高效创新、学习与解决问题。

0.3 快速上手：像聊天一样使用 AI

本节将带你轻松驾驭AI，解锁智能聊天的无限可能。你不仅可以学会如何与AI聊天机器人自如交流，精准提问，掌握润色指令的技巧，还可以借助指令百宝箱提升效率。此外，我们还将分享如何利用AI生成专业工作报告，助你在职场中脱颖而出。

0.3.1 初次使用 AI 聊天机器人

目前主流的AI模型，如ChatGPT、文心一言、讯飞星火等，其界面和操作基本类似，下面以文心一言网页版为例，讲述其使用方法。

第1步 打开网络浏览器，通过搜索名称或直接输入网址的方式，进入文心一言的官方页面。若是首次使用，需使用百度账号或手机号完成注册与登录操作。在输入框中，输入希望进行的对话内容或提出的问题，然后单击【发送消息】按钮 ，如下图所示。

提示

在对话页面中，默认选择为文心大模型3.5版本，如果希望享有更好的交互权益，如输入文本长度、指令润色等，可以升级为付费会员，选用文心大模型4.0版本。

第2步 此时文心一言可以根据提示内容，生成相应的回复，如下图所示。如果对回复内容不满意，可以单击【重新生成】按钮，则可重新生成内容，也可单击 按钮，进行问题反馈；如果对回复内容满意，可单击【复制文本】按钮 ，复制生成的文本内容。

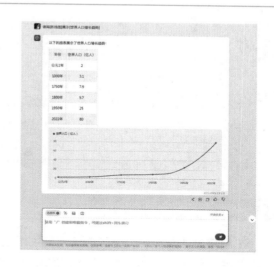

提示

通过反馈按钮，可以对回复的内容进行评价，有助于提高回复内容的准确性和质量，贴近用户的提问要求。

第3步 文心一言具备连续对话功能，它可以理解和记忆上下文信息，因此在执行复杂任务或获取精确信息时，用户无须反复唤醒模型或重复描述背景信息，只需在当前会话窗口输入需要提问的内容，单击【发送消息】按钮 ，如下图所示。

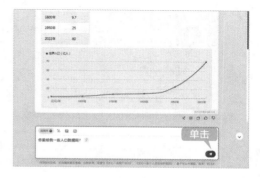

第4步 文心一言进行连贯的多轮对话，如下图所示。

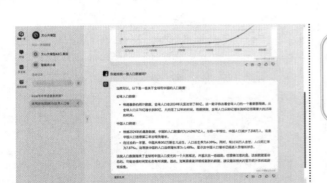

提示

本书编写时，是基于当时的版本截取的图片，但随着软件版本的不断更新，操作界面会有变动，读者根据书中的思路举一反三即可。

0.3.2 开启全新的对话

在 AI 模型的应用中，为了确保不同主题之间的界限分明且不受先前内容的影响，用户在与 AI 大模型进行交互时，需要在一个界定清晰的语境中进行。无论用户是希望转换讨论的话题、设定特定的场景，还是保持对话的连贯性，都可以开启新的对话。

下面以文心一言为例，单击左侧的【对话】按钮，即可创建一个新的对话窗口，然后在文本框中提出新的问题进行交互，如下图所示。不同的模型，其命名方式也不同，如【新建对话】【新建主题】【新建聊天】等命名方式，但它们的作用都是一样的。

另外，页面左侧的导航栏展示了历史对话记录，用户可根据实际需求选择并切换对话。当光标悬停于左侧对话名称之上时，即会显示一系列操作按钮，包括置顶、重命名、删除等，供用户进行相应操作，如下图所示。

0.3.3 如何向 AI 大模型发出精准指令

AI 指令，即 Prompt，是一种用于指导 AI 模型理解和响应用户输入的方法。优质的指令不仅能使 AI 更精确地理解我们的意图和需求，从而提升交互效率，更能确保我们精确地获取所需信息。反之，错误的指令可能会耗费大量时间，用户也无法获得期望的内容。

1. 优质指令的组成结构

一个优质的指令＝任务描述＋参考信息＋关键词＋要求。

（1）任务描述：准确描述你想要模型完成的任务。这可以是一个问题、一项指令、一个主题或一个具体的任务。

（2）参考信息：如果有背景资料、上下文信息等，最好在指令中提供，这有助于 AI 模型更好地理解你的需求。

（3）关键词：指令中应该包含引导模型关注的关键信息或问题，以便模型更好地理解任务并产生合适的输出。

（4）要求：明确列出所有特殊要求、限制条件或偏好，如字数限制、特定格式、使用某种语言或编程风格、遵循特定的创意方向或情感色彩等。

在实际操作中，也可以补充更多的内容信息，如指定模型的扮演角色、提供示例等，避免模糊的指令。

2. 不好的指令示例

在介绍了优质指令的组成结构后，下面列举一些不好的指令示例，帮助读者理解。

表 0-1　不好的指令示例

指令	存在问题
生成一篇文章	缺乏任务描述和关键信息，AI 模型不清楚要生成什么样的文章
阅读这篇文章并给出意见	缺少具体的任务说明和期望的输出类型

续表

指令	存在问题
讨论人工智能的风险	缺乏明确的关键问题或指导，模型可能会给出广泛而不切实际的输出
生成一张图片	指令过于模糊，没有说明所需的图片内容或类型
写一段对话	缺乏任务背景和关键信息，模型无法确定对话的主题或背景

3. 优质指令示例

希望用 AI 写一篇环境保护的文章，下面提供几个优质的指令示例，供读者参考。

● 任务描述：生成一段对话，讨论环境保护的重要性和可行的解决方案。

● 参考信息：环境问题包括气候变化、污染、资源浪费等。

● 关键词：环境保护，气候变化，污染，资源浪费。

● 要求：对话应该包含至少两位参与者，每位参与者至少提出两个保护环境的方案。字数在 500 字至 800 字之间。

当将这些内容汇成一段完整的指令时，内容如下。

生成一篇对话式文章，讨论环境保护的重要性和可行的解决方案。在文章中，不少于两位的参与者需提出至少两种不同的保护环境的方案。同时，详细探讨环境保护、气候变化、污染、资源浪费等问题，并考虑到不同的观点和意见。请确保文章的总字数在 500 字至 800 字之间。

0.3.4　润色指令内容

要想输入高质量的指令，不仅需要掌握一定的技巧，还需要累积丰富的经验。如果不知道如何更好地输入指令，可以使用指令润色功能，以便输入更为精准和有效的指令。这将有助于提升 AI 对指令的理解和执行能力，从而实现所期望的输出目标。

以"讯飞星火"为例，具体操作步骤如下。

第 1 步　在输入框中，简单输入提示内容，然后单击输入框中的【指令优化】按钮，如下图所示。

第2步 对提示内容进行优化，效果如下图所示。

0.3.5 巧用指令百宝箱，小白也能变高手

目前，众多AI模型已引入提示指令集合功能，如文心一言的"百宝箱"、讯飞星火的"助手中心"及通义千问的"指令中心"等。这些功能汇集了丰富的优质指令，覆盖多种应用场景与职业需求，旨在为用户提供便捷、高效的实用技巧和指导。无论是职场工作、学术研究，还是日常生活，这些指令均能提供精准、有针对性的帮助与支持。

以"文心一言"为例，具体操作步骤如下。

第1步 在页面中单击【百宝箱】按钮，如下图所示。

第2步 弹出【一言百宝箱】窗格，可以根据需求选择【精选】【场景】【职业】等分类。比如选择【场景】下的【商业分析】分类，然后在下方选择具体的场景需求，如"SWOT分析"，单击【使用】按钮，如下图所示。

第3步 自动将预设的指令填充到输入框中，用户可以根据需求进行修改，然后单击【发送消息】按钮，如下图所示。

第4步 AI会根据提示生成相关内容，如下图所示。

0.3.6　实战：用 AI 轻松生成一份专业的工作总结

本小节将以"文心一言"为例，根据需求生成一份工作总结，帮助读者掌握 AI 生成文本的实操技巧。

第1步 单击【会话】按钮，打开新的对话窗格，如下图所示。

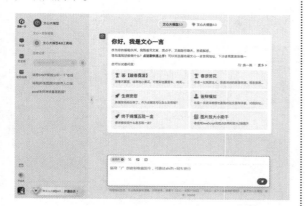

第2步 要生成一份工作总结，用户可以根据需求设定时间范畴、报告的主要内容等具体的要求，并将这些信息填写到输入框中，然后通过【润色指令内容】按钮进行润色。完成上述指令的输入后，单击【发送信息】按钮，如下图所示。

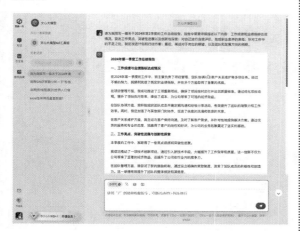

第3步 文心一言会根据提示生成工作总结内容，如下图所示。

第4步 如果对生成的内容不满意，可以在输入框中输入新的提示要求，如下图所示，重新生成报告内容。

第5步 当确定不再修改时，可单击【复制内容】按钮，执行复制内容操作，如下图所示。

第6步 打开 Word 文档，按【Ctrl+V】组合键，将报告内容粘贴到文档中，之后可根据需求进行排版，如下图所示。

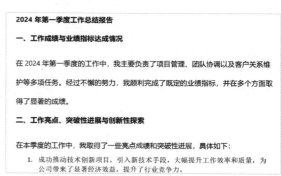

第1篇

Word 办公应用篇

本篇主要介绍 Word 中的各种操作。通过对本篇的学习，读者可以掌握在 Word 中进行文字输入、文字调整、图文混排及在文档中添加图和表格等操作。

第 1 章　Word 的基本操作

第 2 章　使用图和表格美化 Word 文档

第 3 章　Word 高级应用——长文档的排版

第 1 章
Word 的基本操作

本章导读

　　Word最常用的操作是记录各类文本内容，不仅方便修改，还能够根据需要设置文本的字体和段落格式。常见的文档类型有租赁协议、总结报告、请假条、邀请函、思想汇报等。本章以制作房屋租赁合同为例，介绍Word的基本操作。

思维导图

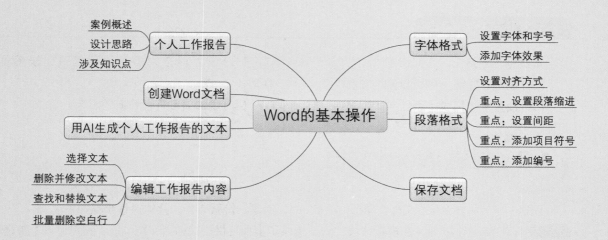

1.1 个人工作报告

在制作个人工作报告时，要清楚地总结工作成果及工作经验。

1.1.1 案例概述

工作报告是对一定时期内的工作进行总结、分析和研究，并肯定成绩，找出问题，得出经验教训。在制作工作报告时应注意以下几点。

1. 对工作内容的概述

详细描述一段时期内自己所接收的工作任务及完成情况，并做好内容总结。

2. 对岗位职责的描述

回顾自己在本单位、本部门某一阶段或某一方面的工作，既要肯定成绩，也要承认缺点，并从中得出应有的经验和教训。

3. 对未来工作的设想

提出目前对所属部门工作的前景分析，进而提出下一步工作的指导方针、任务和措施。

1.1.2 设计思路

制作个人工作报告时可以按照以下思路进行。

（1）制作报告文本，借助AI生成文本内容。

（2）根据需求对文本进行编辑和修改。

（3）为相关正文修改字体格式、添加字体效果等。

（4）设置段落格式、添加项目符号和编号等。

1.1.3 涉及知识点

本案例主要涉及以下知识点。

（1）编辑、复制、剪切和删除文本等。

（2）设置字体格式、添加字体效果等。

（3）设置段落对齐、段落缩进、段落间距等。

（4）添加项目符合和编号。

1.2 创建 Word 文档

创建"房屋租赁合同"文档，需要打开Word，创建一份新文档，具体操作步骤如下。

第1步 打开Word主界面，在模板区域，Word提供了多种可供创建的新文档类型，这里单击【新建】区域下的【空白文档】图标，如下图所示。

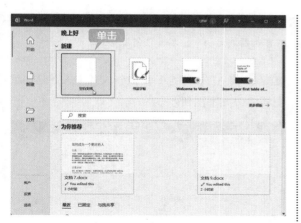

第 2 步 创建一个新的空白文档，如下图所示。

1.3 用 AI 生成个人工作报告的文本

在制作个人工作报告时，通过引入 AI 模型，可以实现文本内容的自动生成，从而显著提升工作效率。下面以"文心一言"为例，具体步骤如下。

第 1 步 打开文心一言，在输入框中，根据要写的个人工作报告内容输入指令，然后单击【发送消息】按钮，如下图所示。

第 2 步 根据提示生成个人工作报告内容，如下图所示。

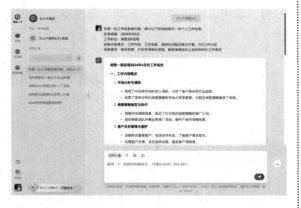

第 3 步 用户可以浏览生成的内容是否符合要求。

确认文本内容后，可单击【复制文本】按钮，复制生成的文本内容如下图所示。

| 提示 |

即使指令文本完全一致，AI 大模型生成的文本内容也可能存在差异，这取决于模型的内部算法、数据集的差异及其他多种因素。在实际应用中，用户应根据自身需求对生成的文本内容进行判断，以确定其适用性。这并不影响本书内容的有效性及实际操作。如果希望进行与书中内容一致的操作，我们提供了相应的文本内容，可以在下载资源中的"素材"文件夹中获取。

第4步 切换到新建的 Word 文档界面，单击【开始】选项卡下的【粘贴】下拉按钮，在弹出的【粘贴选项】列表中，单击【只保留文本】按钮，如下图所示。

> **┃提示┃**∶∶∶∶∶∶∶∶∶
>
> 在网页、电子邮件或其他文档中复制文本并粘贴到 Word 文档时，通常会连带复制其原有的格式信息，如字体、字号、颜色、段落样式、表格、图片、超链接等。单击"只保留文本"按

钮，Word 会忽略这些格式设置，只将纯文本内容粘贴到文档中，不带任何源格式。

第5步 将 AI 生成的工作报告文本粘贴到 Word 文档中，如下图所示。

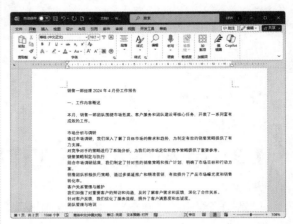

1.4 编辑工作报告内容

将个人工作报告内容粘贴到 Word 文档之后，即可利用 Word 编辑文本。

1.4.1 选择文本

选择文本时既可以选择单个字符，也可以选择整篇文档。选择文本的方法主要有以下几种。

1. 使用鼠标选择文本

使用鼠标选择文本是最常见的一种方法，具体操作步骤如下。

第1步 将鼠标指针放置在想要选择的文本之前，如下图所示。

第2步 按住鼠标左键，同时拖曳鼠标，直到第一行和第二行内容全部选中，完成后释放鼠标左键，即可选定文字内容，如下图所示。

2. 使用键盘选择文本

在不使用鼠标的情况下，也可以利用键盘上的组合键来选择文本。使用键盘选定文本时，需先将鼠标指针移动到要选文本的开始位置，

然后按相关的组合键即可。表1-1所示为使用键盘选择文本的组合键。

表1-1　使用键盘选择文本的组合键

组合键	功能
Shift+←	选择光标左边的一个字符
Shift+→	选择光标右边的一个字符
Shift+↑	选择至光标上一行同一位置之间的所有字符
Shift+↓	选择至光标下一行同一位置之间的所有字符

续表

组合键	功能
Shift+Home	选择至当前行的开始位置
Shift+End	选择至当前行的结束位置
Ctrl+A	选择全部文档
Ctrl+Shift+↑	选择至当前段落的开始位置
Ctrl+Shift+↓	选择至当前段落的结束位置
Ctrl+Shift+Home	选择至文档的开始位置
Ctrl+Shift+End	选择至文档的结束位置

1.4.2　删除并修改文本

在文本编辑的过程中，删除和修改是两个至关重要的步骤。它们不仅能帮助我们优化文本内容，还能提升文本的可读性和表达效果。

第1步 将鼠标指针放置在文本一侧，按住鼠标左键并拖曳鼠标，选择需要删除的文字，如下图所示。

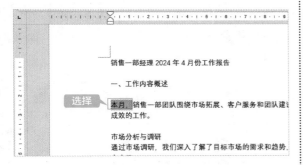

第2步 按【Backspace】或【Delete】键，即可将选择的文本删除，如下图所示。

第3步 在光标位置输入文本内容，如下图所示。

> **提示**
>
> 在删除未选中的文本时，【Backspace】和【Delete】键有所不同。【Backspace】键也被称为退格键，主要用于删除光标左侧的字符或内容。在编辑文档时，将光标置于想要删除的字符或内容的右侧，然后按下【Backspace】键，光标左侧的字符或内容就会被删除。而【Delete】键的功能是删除光标右侧的字符或内容。将光标置于字符或内容的左侧，按【Delete】键就可以删除该字符或内容。

另外，在文本编辑过程中，若需对特定部分进行内容替换，无须使用删除键，仅需选定想要修改的文本段落，随后通过键盘直接键入新内容，原选定部分就会被新内容自动覆盖，实现替换操作。此方式既便捷又高效，可极大地提升文本编辑效率。

第1步 选择要修改的文本，并输入要替换的内容，如下图所示。

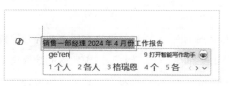

第2步 从候选词中选择合适的词汇，选中的文本内容将被替换，结果如下图所示。

1.4.3 查找和替换文本

查找功能可以帮助用户查找到特定的内容，用户也可以使用替换功能将查找到的文本或文本格式替换为新的文本或文本格式。

1. 查找

查找功能可以帮助用户定位到目标位置，以便快速找到想要的信息。查找分为查找和高级查找。在【导航】任务窗格中，可以使用查找功能，定位查找的内容，具体操作步骤如下。

第1步 单击【开始】选项卡下【编辑】选项区域中的【查找】下拉按钮，在弹出的下拉列表中选择【查找】选项，如下图所示。

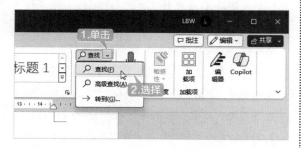

第2步 文档的左侧会出现【导航】任务窗格，在文本框中输入要查找的内容，这里输入"问题："，此时文本框的下方提示"3个结果"，并且在文档中查找到的内容都会以黄色背景显示，如下图所示。

第3步 单击任务窗格中的【下一条】按钮，定位到第2个匹配项。再次单击【下一条】按钮，就可以快速查找到下一条符合的匹配项，如下图所示。

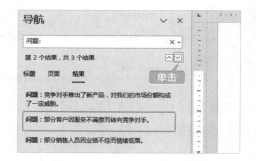

> **提示**
>
> 在【查找】下拉列表中选择【高级查找】选项，可弹出【查找和替换】对话框，里面提供了许多搜索选项，使用户可以更精确、高效地查找和定位文档中的内容，如下图所示。

2. 使用替换功能

替换功能可以帮助用户快捷地更改查找到的文本或批量修改相同的内容。比如要将所有"问题："统一更改为"存在问题："，就可以使用替换功能。

第1步 单击【开始】选项卡下【编辑】选项区域中的【替换】按钮，会弹出下图所示的对话框。

第2步 在【替换】选项卡中的【查找内容】文本框中输入"问题："，在【替换为】文本框中输入"存在问题："，如下图所示。

提示

在【查找内容】文本框中输入的关键词越详细，替换的结果就会越准确。本例中，通过在关键词后添加"："，能够更准确地锁定查找范围。反之，若未设置详细的查找条件，则只能借助【查找下一处】按钮，逐一进行替换操作。

第3步 单击【查找下一处】按钮，系统将从光标所在位置开始，寻找第一个符合查找条件的文本，并将该文本以灰色背景进行高亮显示，具体效果如下图所示。

第4步 单击【替换】按钮，就可以将查找到的内容替换为新的内容，并跳转至第二个查找到的内容，如下图所示。

提示

当用户需要将文档中所有查找到的内容进行替换时，可以单击【全部替换】按钮，Word程序将自动查找整个文档，并将所有匹配的内容替换为用户指定的新内容。替换完成后，程序将弹出一个提示框，展示已完成的替换数量。用户可单击【确定】按钮关闭此提示框，操作界面如下图所示。

3. 查找和替换的高级应用

Word不仅能根据指定的文本进行查找和替换，还能根据指定的格式进行查找和替换，以满足复杂的查询条件。在进行查找时，通配符的作用如表1-2所示。

表1-2　通配符的作用

通配符	功能
?	任意单个字符
*	任意字符串
<	单词的开头
>	单词的结尾
[ ]	指定字符之一
[–]	指定范围内的任意一个字符
[!x–z]	括号范围中的字符以外的任意单字符

续表

通配符	功能
{n}	n个重复的前一字符或表达式
{n,}	至少n个重复的前一字符或表达式
{n,m}	n～m个前一字符或表达式
@	一个或一个以上的前一字符或表达式

| 提示 |

使用通配符时，应展开【更多】按钮，勾选【使用通配符】复选框，如下图所示。

1.4.4　批量删除空白行

有时从网页中复制的文本包含了较多的空白行，影响了内容的可读性。为了解决这一问题，我们可以利用上一小节学习的通配符功能，对文本进行批量处理，以消除这些不必要的空白行，从而提高文本的质量和阅读体验。

第1步　按【Ctrl+H】组合键，打开【查找和替换】对话框，在【查找内容】文本框中输入"^p^p"，在【替换为】文本框中输入一个段落标记"^p"，如下图所示。

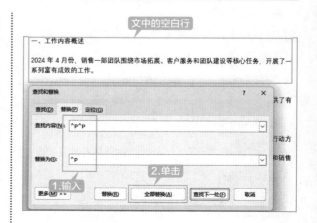

| 提示 |

　　"^p"符号表示一个段落标记，用于标识文本中的一个段落。当"^p"符号连续出现两次，即"^p^p"，代表一个包含两个段落标记的空白行，用于分隔文本中的不同段落。将"^p^p"替换为"^p"意味着删除其中一个空白行。

第2步 单击【全部替换】按钮。这时，Word会

将文档中的所有连续两个或多个空白行批量删除，只留下非空行，并弹出【Microsoft Word】提示框，单击【确定】按钮，即可完成替换，如下图所示。

1.5 字体格式

　　将内容编辑完成后，即可根据需要设置文档中的字体格式，并给字体添加效果，使文档看起来层次分明、结构工整。

1.5.1 设置字体和字号

　　用户可以根据需要对字体和字号等进行设置，主要有以下3种方法。

1. 使用【字体】组

　　在Word的【开始】选项卡下的【字体】组中，单击【字体】和【字号】下拉按钮，选择要设置的字体和字号，这是一种常用的字体格式设置方法，如下图所示。

2. 使用【字体】对话框

　　选择要设置的文字，单击【开始】选项卡下【字体】组右下角的【字体】按钮，或右击选择的文字并在弹出的快捷菜单中选择【字体】选项，会弹出【字体】对话框，在该对话框中可以设置字体格式，如下图所示。

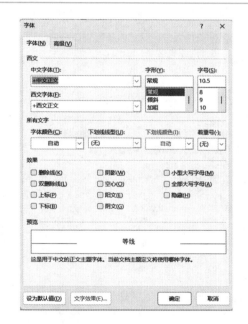

3. 使用浮动工具栏

　　选择要设置字体格式的文本，此时被选中的文本区域右上角会显示一个浮动工具栏，单击相应的按钮即可修改字体格式，如下图所示。

下面以使用【字体】对话框设置字体和字号为例进行介绍，具体操作步骤如下。

第1步 选中文档中的标题，单击【开始】选项卡下【字体】组中的【字体】按钮 ⏷，如下图所示。

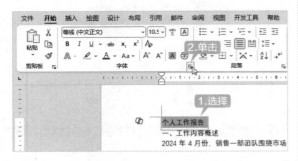

第2步 在弹出的【字体】对话框中选择【字体】选项卡，单击【中文字体】文本框右侧的下拉按钮 ⏷，在弹出的下拉列表中选择【微软雅黑】选项，如下图所示。

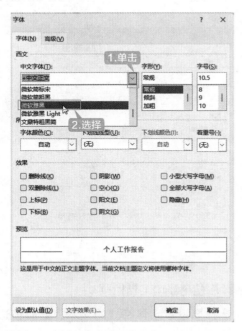

第3步 在【字号】列表框中选择【20】选项，单击【确定】按钮。

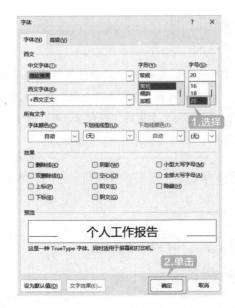

第4步 为所选文本设置字体和字号后的效果，如下图所示。

第5步 使用同样的方法，设置其他标题的【中文字体】为"黑体"，【字号】为"12"，如下图所示。

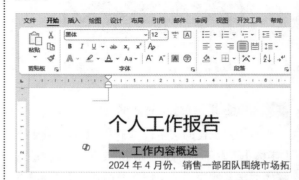

第6步 根据需要设置正文文本的【中文字体】为"等线"，【字号】为"10"，如下图所示。

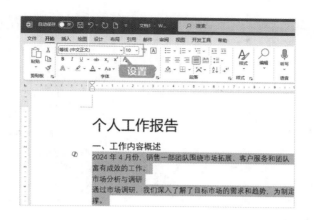

1.5.2 添加字体效果

有时为了突出文档标题，可以给字体添加效果，具体操作步骤如下。

第1步 选中文档中的标题，单击【开始】选项卡下【字体】组中的【加粗】按钮 B，如下图所示。

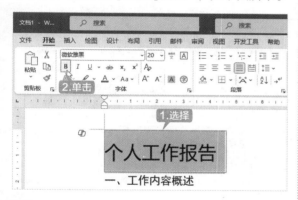

第2步 应用加粗效果，如下图所示。

第3步 单击【字体颜色】下拉按钮 △·，在弹出的列表中选择要应用的颜色效果，如下图所示。

第4步 打开【字体】对话框，在【效果】区域可以设置删除线、阴影、空心等效果，如下图所示。

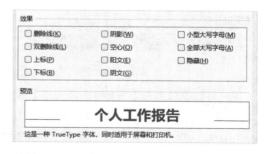

第5步 若要为文字添加艺术效果，可以先选择要添加艺术效果的文本，然后单击【开始】选项卡下【字体】组中的【文本效果和版式】下拉按钮 A·，在弹出的下拉列表中根据需要选择字体效果，如下图所示。

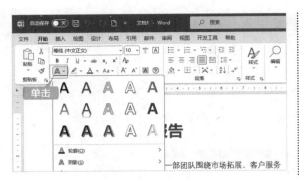

第6步 为其他标题设置字体效果，如下图所示。

1.6 段落格式

　　段落格式是指以段落为单位的格式设置。设置段落格式主要是指设置段落的对齐方式、段落缩进、段落间距及为段落添加项目符号或编号等。Word 的段落格式命令适用于整个段落，即无须选中整段文本，只需将光标定位至要设置段落格式的段落中，即可设置整个段落的格式。

1.6.1 设置对齐方式

　　整齐的排版效果可以使文本更为美观，对齐方式就是段落中文本的排列方式。Word 提供了 5 种常用的对齐方式，分别为左对齐、右对齐、居中对齐、两端对齐和分散对齐，如下图所示。

　　用户可以通过单击【开始】选项卡下【段落】组中的对齐方式按钮来设置段落对齐，也可以通过【段落】对话框进行设置。此外，还可以利用浮动工具栏进行段落对齐的设置。

　　下面以居中对齐为例，介绍设置段落格式的方法，具体操作步骤如下。

第1步 选择标题文本，单击【开始】选项卡下【段落】组中的【居中对齐】按钮 ≡，如下图所示。

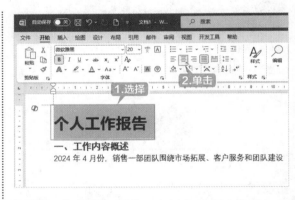

第2步 将文档标题设置为居中对齐，效果如下图所示。

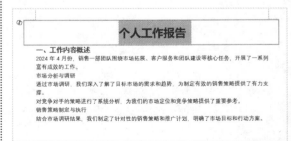

1.6.2　重点：设置段落缩进

段落缩进是指段落到左、右页边界的距离。根据中文的书写形式，通常情况下，正文中的每个段落都会首行缩进两个字符。设置段落缩进的具体操作步骤如下。

第1步 选择要设置的段落内容，单击【开始】选项卡下【段落】组中的【段落】按钮 ⌐，如下图所示。

第2步 弹出【段落】对话框，单击【特殊】文本框后的下拉按钮⌄，在弹出的下拉列表中选择【首行】选项，并设置【缩进值】为"2字符"。设置完成，单击【确定】按钮，如下图所示。

第3步 为所选段落设置段落缩进后的效果，如下图所示。

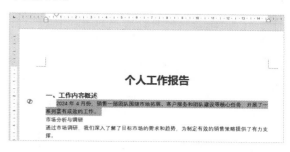

第4步 使用同样的方法为其他正文段落设置首行缩进，效果如下图所示。

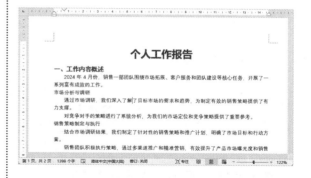

1.6.3　重点：设置间距

设置间距指的是设置段落间距和行距，段落间距是指文档中段落与段落之间的距离，行距是指行与行之间的距离。设置段落间距和行距的具体操作步骤如下。

第1步 选中标题文本，单击【开始】选项卡下【段落】组中的【段落】按钮 ⌐，如下图所示。

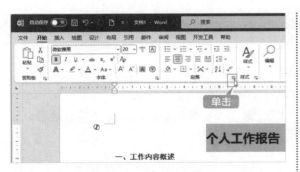

第2步 在弹出的【段落】对话框中选择【缩进和间距】选项卡，在【间距】选项区域中分别设置【段前】和【段后】为"0.5行"，单击【确定】按钮，如下图所示。

第3步 将选中文本设置为指定的段落格式，段前和段后将增加相应的间距，效果如下图所示。

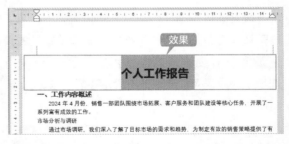

第4步 使用同样的方法设置其他段落的格式，效果如下图所示。

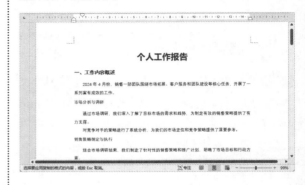

1.6.4 重点：添加项目符号

项目符号就是在所选段落前加上相同的符号。添加项目符号的具体操作步骤如下。

第1步 选中需要添加项目符号的内容，单击【开始】选项卡下【段落】组中的【项目符号】下拉按钮≔▾，在弹出的项目符号列表中选择一种样式，如下图所示。

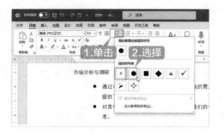

第2步 为选定文本添加项目符号，效果如下图所示。

2024 年 4 月份，销售一部团队围绕市场拓展、客户服务和团队建设等核心任务，开展了一系列富有成效的工作。

市场分析与调研

- 通过市场调研，我们深入了解了目标市场的需求和趋势，为制定有效的销售策略提供了有力支撑。
- 对竞争对手的策略进行了系统分析，为我们的市场定位和竞争策略提供了重要参考。

第3步 由于添加了项目符号，导致段落缩进发生了变化，可右击文本内容，在弹出的快捷菜单中选择【段落】命令，如下图所示。

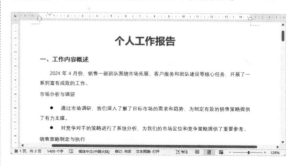

第5步 调整后的段落效果如下图所示。

第4步 弹出【段落】对话框，根据需求调整缩进，如【左侧】和【右侧】缩进设置为"0厘米"，【首行】设置为"2字符"，如下图所示，单击【确定】按钮。

1.6.5 重点：添加编号

编号是对文档中的段落进行顺序标识的一种方式，起始于最小数字并依次递增。添加编号的具体操作步骤如下。

第1步 按住【Ctrl】键，选择不连续的标题文本段落，单击【开始】选项卡下【段落】组中的【编号】下拉按钮，选择要添加的编号，如下图所示。

第2步 看到添加编号后的效果，我们会发现编号与文本之间的距离偏大，这在一定程度上影响了整体的美观性。这是因为系统默认在编号和文本之间插入了制表符，如下图所示。

第3步 如果要调小编号与文本之间的间距，可以在选中编号及文本的情况下，单击鼠标右键，在弹出的列表中选择【调整列表缩进】命令，如下图所示。

第4步 弹出【调整列表缩进量】对话框，设置【编号之后】为"空格"。另外，可以根据需求调整编号位置和文本缩进，如希望将其左对齐且不缩进，则可将【编号位置】和【文本缩进】设置为"0厘米"，然后单击【确定】按钮，如下图所示。

第5步 即可看到调整后的编号效果，如下图所示，用户可以使用同样方法为其他段落添加编号。

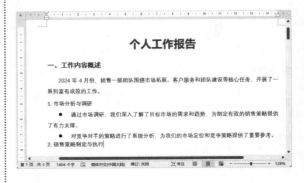

1.7 保存文档

个人工作报告文档制作完成后，就可以进行保存了。

第1步 选择【文件】选项卡，进入下图所示的界面，选择【另存为】选项，在【另存为】界面中选择【浏览】选项。

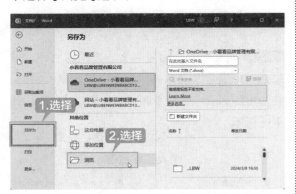

第2步 在弹出的【另存为】对话框中选择文档所要保存的位置，在【文件名】文本框中输入要另存的名称，单击【保存】按钮，即可完成文档的保存操作，如下图所示。

上述步骤既适用于文档的初次保存，也适用于将文档另存至其他位置。若用户希望保存已修改的文档且不对其位置进行调整，可通过快速访问工具栏中的【保存】按钮 或按【Ctrl+S】组合键来实现快速保存操作。

举一
反三

制作公司聘用协议

与个人工作总结类似的文档还有房屋租赁协议书、公司合同、产品转让协议等。制作这类文档时，除了要求内容准确、没有歧义，还要求条理清晰，最好能以列表的形式表明双方应承担的义务及享有的权利，以便查看。下面就以制作公司聘用协议为例进行介绍，具体操作步骤如下。

1. 用 AI 生成公司聘用协议

在 AI 模型中输入如下指令，生成一份公司聘用协议文本。

我需要你帮我生成一份公司聘用协议。这份协议应该包含以下信息：①协议的有效期限；②员工的工作地点和具体的工作安排；③员工的工作时间；④员工的劳务报酬形式及金额；⑤公司提供的福利待遇；⑥双方在合同中的约定。请确保这份协议的内容详尽且具有法律效力。

2. 创建并保存文档

将 AI 生成的文本复制到 Word 空白文档中，并将其保存为"公司聘用协议.docx"文档，根据需求调整协议内容，如下图所示。

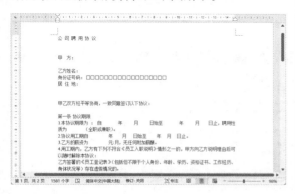

3. 设置字体格式

根据需求修改文本内容的字体和字号，并

在需要填写内容的区域添加下画线，如下图所示。

4. 设置段落格式

设置段落对齐方式、段落缩进、行间距等格式，并添加编号，保存文档，如下图所示。

◇ 巧用AI轻松解决文档编辑难题

在使用Office软件时，我们难免会遇到一些疑难问题，不知道如何解决或进行操作。此时，我们可以借助文心一言、ChatGPT等AI工具来协助解决这些问题。下面列举几个问题，并提供相应的提问指令供读者参考。

1. 问题1

问题描述	在Word文档中输入文字后，后面的文字会消失
指令参考	在编辑Word文档过程中，我遇到了一个问题。当我尝试输入新的文字时，每输入几个字符，原有文本就会相应地消失几个字符。我想了解这种现象是由哪些可能的原因引起的，针对这个问题，有哪些有效的解决方法或步骤可以推荐
AI回复	

2. 问题2

问题描述	在Word文档中有些字下面总有波浪线
指令参考	在Word文档中，我注意到某些字下面出现了波浪线。这可能是什么原因导致的？用什么方法可以解决这个问题？这种波浪线通常代表什么含义？
AI回复	

通过上面两个示例，我们可以看到，只需详细地描述问题及需求，就可以获得答案，这里不再一一列举。

◇ 利用AI改写润色文本：让文字更流畅

AI不仅可以根据指令生成文本内容，也能对已有的文本进行改写或美化，以适应更多不同的使用场景和需求。

1. 改写文本

指令参考	改写下面的文本，要求内容通俗易懂，同时体现文本的中心思想。 企业风险管理的核心是对财务风险的管理，财务风险管理的重点是对可能出现的主要财务风险和财务危机进行预先的控制和管理，以避免由财务风险转化为财务危机和生存危机，从而使企业获得持续生存和发展。因此，提高对企业财务风险管理重要性的认识，加强财务风险管理并采取相应的风险应对策略，对企业的健康发展具有重要的意义
AI回答	企业风险管理主要关注的是财务风险的管理，而财务风险管理的关键在于预先控制和管理可能出现的财务风险和财务危机，以避免财务风险演变为财务危机甚至企业生存危机。因此，提高对企业财务风险管理的认识，强化财务风险管理并采取相应的风险应对策略，对企业的持续发展具有重大意义

2. 润色文本

指令参考	润色下面的文本，要求语言简洁、结构清晰、逻辑清晰、表达准确。 企业风险管理的核心是对财务风险的管理，财务风险管理的重点是对可能出现的主要财务风险和财务危机进行预先的控制和管理，以避免由财务风险转化为财务危机和生存危机，从而使企业获得持续生存和发展。因此，提高对企业财务风险管理重要性的认识，加强财务风险管理并采取相应的风险应对策略，对企业的健康发展具有重要的意义
AI回答	企业风险管理主要关注财务风险管控。重点在于预先控制和管理可能出现的财务风险和财务危机，以避免财务风险转化为财务危机或生存危机，确保企业持续生存和发展。提高对财务风险管理的认识、加强管控并采取风险应对策略对企业的健康发展至关重要

3. 缩减文本内容

指令参考	缩减下面文本的字数，要求在100字以内。 企业风险管理的核心是对财务风险的管理，财务风险管理的重点是对可能出现的主要财务风险和财务危机进行预先的控制和管理，以避免由财务风险转化为财务危机和生存危机，从而使企业获得持续生存和发展。因此，提高对企业财务风险管理重要性的认识，加强财务风险管理并采取相应的风险应对策略，对企业的健康发展具有重要的意义
AI回答	企业风险管理主要关注财务风险，通过预先控制和管理主要财务风险和财务危机，避免财务风险转化为生存危机，确保企业持续发展。提高财务风险认知、强化管控并采取风险应对策略，对企业的健康发展至关重要

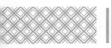

4. 增加文本内容

指令参考	丰富并扩充下面文本的字数，要求不少于300字。 企业风险管理的核心是对财务风险的管理，财务风险管理的重点是对可能出现的主要财务风险和财务危机进行预先的控制和管理，以避免由财务风险转化为财务危机和生存危机，从而使企业获得持续生存和发展。因此，提高对企业财务风险管理重要性的认识，加强财务风险管理并采取相应的风险应对策略，对企业的健康发展具有重要的意义
AI回答	企业风险管理的核心是对财务风险的管理，因为财务风险是企业在经营过程中面临的主要风险之一。企业可以通过有效的财务风险控制和管理来减少财务风险对企业经营的影响，从而保证企业的稳定发展。财务风险管理的重点是对可能出现的主要财务风险和财务危机进行预先的控制和管理，以避免由财务风险转化为财务危机和生存危机，从而使企业获得持续生存和发展。 企业财务风险管理的重要性不言而喻，提高对企业财务风险管理重要性的认识是必要的。首先，企业应该建立完善的财务风险管理机制，包括风险识别、风险评估、风险控制和风险应对等方面。其次，企业应该加强财务风险管理，建立财务风险预警机制，及时发现和解决潜在的财务风险。最后，企业还应该采取相应的风险应对策略，包括风险规避、风险转移、风险减轻和风险接受等方面，以有效地应对各种财务风险。 综上所述，企业财务风险管理对企业健康发展具有重要的意义。通过加强财务风险管理并采取相应的风险应对策略，企业可以有效地减少财务风险对企业经营的影响，从而保证企业的稳定发展。同时，这也为企业的可持续发展提供了坚实的支撑

第2章

使用图和表格美化 Word 文档

本章导读

　　一篇图文并茂的文档，不仅看起来生动形象、充满活力，而且更加美观。在 Word 中可以通过插入艺术字、图片、自选图形、表格等来展示文本或数据内容。本章以制作个人求职简历为例，介绍使用图和表格美化 Word 文档的操作。

思维导图

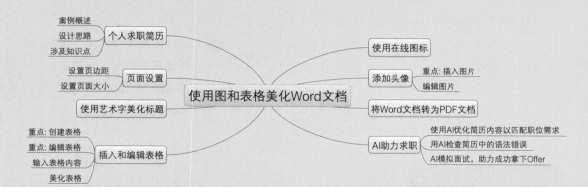

 个人求职简历

个人求职简历要求做到格式统一、排版整齐、简洁大方，以便给HR留下深刻印象，赢得面试机会。

2.1.1 案例概述

在制作个人求职简历时，不仅要进行页面设置，还要使用艺术字美化标题，在主题部分要插入表格、头像、图标等进行完善。具体制作时需要注意以下几点。

1. 格式要统一

（1）相同级别的文本内容要使用同样的字体和字号。

（2）段落间距要恰当，避免内容太拥挤。

2. 图文结合

现在已经进入"读图时代"，图形是人类通用的视觉符号，它可以吸引查看者的注意力。图片、图形运用恰当，可以为简历增加个性化色彩。

3. 编排简洁

（1）确定简历的页面大小是进行编排的前提。

（2）排版的整体风格要简洁大方，给人一种认真、严肃的感觉，不可过于花哨。

2.1.2 设计思路

制作个人求职简历时可以按以下思路进行。

（1）制作简历页面，设置页边距、页面大小，并插入背景图片。

（2）插入艺术字美化标题。

（3）添加表格，编辑表格内容并美化表格。

（4）插入合适的在线图标使页面更为清晰明了。

（5）插入头像图片，并对图片进行编辑。

（6）可以根据需求将简历转换为PDF格式。

（7）可以根据需求借助AI对简历进行检查和润色，也可以进行模拟面试。

2.1.3 涉及知识点

本案例主要涉及以下知识点。

（1）设置页边距、页面大小。

（2）插入艺术字。

（3）插入表格。

（4）插入图标。

（5）插入图片。

（6）导出为PDF。

2.2 页面设置

在制作个人求职简历时，首先要设置简历页面的页边距和页面大小，并插入背景图片来确定简历的色彩主题。

2.2.1 设置页边距

页边距的设置可以使简历更加美观。设置页边距包括设置上、下、左、右边距及页眉和页脚到页边界的距离。

第1步 打开 Word 软件，新建一个 Word 空白文档。单击【布局】选项卡下【页面设置】组中的【页边距】下拉按钮，在弹出的下拉列表中选择【窄】选项，如下图所示。

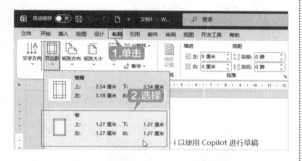

> **｜提示｜**
>
> 还可以在【页边距】下拉列表中选择【自定义页边距】选项，在弹出的【页面设置】对话框中对上、下、左、右边距进行自定义设置。

第2步 完成页边距的设置，效果如下图所示。

> **｜提示｜**
>
> 页边距太窄会影响文档的装订，而太宽不仅影响美观还浪费纸张。一般情况下，如果使用 A4 纸，可以采用 Word 提供的默认值；如果使用 B5 或 16K 纸，上、下边距在 2.4 厘米左右为宜，左、右边距在 2 厘米左右为宜。具体可以根据用户的要求进行设定。

第3步 按【F12】键，弹出【另存为】对话框，在路径栏中选择保存的位置，在【文件名】文本框中输入"个人求职简历"，并单击【保存】按钮，如下图所示。

第4步 将其保存至目标文件夹，同时文档名称也发生了改变，如下图所示。

2.2.2 设置页面大小

设置好页边距后，还可以根据需要设置页面大小和纸张方向，使页面满足个人求职简历的格式要求。具体操作步骤如下。

第1步 单击【布局】选项卡下【页面设置】组中的【纸张方向】下拉按钮，在弹出的下拉列表中可以设置纸张方向为"横向"或"纵向"，Word默认的纸张方向是"纵向"，如下图所示。

第2步 单击【布局】选项卡下【页面设置】组中

的【纸张大小】下拉按钮，在弹出的下拉列表中选择【A4】选项，即可完成纸张大小的设置，如下图所示。

2.3 使用艺术字美化标题

使用Word提供的艺术字功能，可以制作出精美的艺术字，使个人求职简历更加鲜明醒目。具体操作步骤如下。

第1步 单击【插入】选项卡下【文本】组中的【艺术字】按钮，在弹出的下拉列表中选择一种艺术字样式，如下图所示。

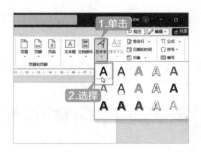

第2步 弹出【请在此放置您的文字】文本框，如下图所示。

第3步 在文本框内单击，输入标题内容"个人简历"，如下图所示。

第4步 选中艺术字，单击【形状格式】选项卡下【艺术字样式】组中的【文本效果】按钮，在弹出的下拉列表中选择【阴影】→【外部】中的【偏移：右下】选项，如下图所示。

第5步 选中艺术字,将光标放在艺术字的边框上,当光标变为 ↖ 形状时拖曳光标,即可改变文本框的大小,使其居中对齐,然后根据需求调整其位置,如下图所示。

2.4 插入和编辑表格

表格是由多行多列的单元格构成的,用户在使用Word创建个人简历时,可以使用表格编排简历内容,通过对表格的编辑、美化,来提升个人求职简历的品质。

2.4.1 重点:创建表格

Word 提供了多种插入表格的方法,用户可以根据需要进行选择。

1. 创建快速表格

虽然可以利用Word提供的内置表格模型来快速创建表格,但内置的表格类型有限,只适用于建立特定格式的表格,具体操作步骤如下。

第1步 通过【Enter】键调整光标位置,并将其定位至需要插入表格的地方。单击【插入】选项卡下【表格】组中的【表格】下拉按钮,在弹出的下拉列表中选择【快速表格】选项,在弹出的级联列表中选择需要的表格类型,这里选择【双表】,如下图所示。

第2步 插入选择的表格类型,用户可以根据需要替换模板中的数据,如下图所示。

第3步 插入表格后,单击表格左上角的 田 按钮,选择整个表格,按【Backspace】键即可将其删除。

2. 使用表格菜单创建表格

表格菜单适合创建规则的、行数和列数较少的表格,最多可以创建8行10列的表格。将光标定位在需要插入表格的地方,单击【插入】选项卡下【表格】组中的【表格】下拉按钮,在【插入表格】区域内选择要插入表格的行数和列数,即可在指定位置插入表格。选中的单元格将以橙色显示,并在名称区域显示选中的行数和列数,且可在文档插入位置实时预览表格效果,如下图所示。

3. 使用【插入表格】对话框创建表格

虽然使用表格菜单创建表格很方便，但是由于菜单中所提供的单元格数量有限，只能创建有限的行数和列数。而使用【插入表格】对话框则不受数量限制，并且可以对表格的宽度进行调整。本案例将使用【插入表格】对话框创建表格，具体操作步骤如下。

第1步 将光标定位至需要插入表格的地方。单击【插入】选项卡下【表格】组中的【表格】按钮，在其下拉列表中选择【插入表格】选项，如下图所示。

第2步 在弹出的【插入表格】对话框中设置表格尺寸，设置【列数】为"3"，【行数】为"13"，单击【确定】按钮，如下图所示。

> **｜提示｜**
>
> 【"自动调整"操作】选项区域中各个选项的含义如下。
>
> 【固定列宽】：设定列宽的具体数值，单位是厘米。当选择为"自动"时，表示表格将自动在窗口填满整行，并平均分配各列为固定值。
>
> 【根据内容调整表格】：根据单元格的内容自动调整表格的列宽和行高。
>
> 【根据窗口调整表格】：根据窗口大小自动调整表格的列宽和行高。
>
> 【为新表格记忆此尺寸】：记忆当前表格尺寸，作为后续新建表格的默认值。

第3步 插入一个3列13行的表格，效果如下图所示。

> **｜提示｜**
>
> 在构建简历表格时，建议以草稿形式预估所需的行列数量，随后可根据实际内容的变动，灵活调整表格的布局。

2.4.2 重点：编辑表格

表格创建完成后，可根据需要对表格进行编辑，主要是根据内容调整表格的布局，如插入新行和新列、单元格的合并和拆分等。

1. 插入新行和新列

有时在文档中插入表格后，发现表格少了一行或一列，那么该如何快速插入一行或一列呢？插入行和列的方法相同，我们以插入列为例进行讲解，插入行不再赘述。

第1步 单击表格中要插入新列的左侧列的任意一个单元格，单击【布局】选项卡下【行和列】组中的【在右侧插入】按钮，如下图所示。

第2步 在指定位置插入新的列，如下图所示。

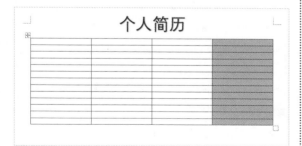

> | 提示 |
>
> 如果要删除某列，可以先选中要删除的列，右击鼠标，在弹出的快捷菜单中选择【删除列】选项，如下图所示，即可将选择的列删除。

2. 单元格的合并与拆分

表格插入完成后，在输入表格内容之前，可以先根据内容对单元格进行合并或拆分，调整表格的布局。

第1步 选择要合并的单元格，单击鼠标右键，在弹出的快捷菜单中选择【合并单元格】选项，如下图所示。

第2步 即可将选中的单元格合并，如下图所示。

第3步 若要拆分单元格，可以先选中要拆分的单元格，单击【布局】选项卡下【合并】组中的【拆分单元格】按钮 拆分单元格，如下图所示。

第4步 弹出【拆分单元格】对话框，设置要拆分的【列数】和【行数】，单击【确定】按钮，如下图所示。

第5步 按指定的行数和列数拆分单元格，如下图所示。

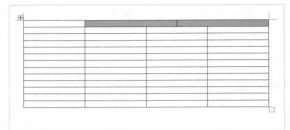

第6步 使用同样的方法，将其他需要合并的单元格进行合并，最终效果如下图所示。

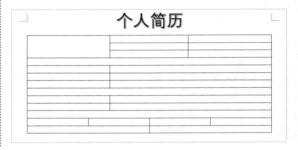

2.4.3 输入表格内容

表格布局调整完成后，即可根据个人情况输入简历内容。

第1步 输入表格内容，根据情况调整表格列宽，效果如下图所示。

提示

在制作个人简历时，为了提升简历的质量和针对性，建议使用AI大模型进行辅助。结合所申请的职位，AI大模型可以提供精准的优化建议，使简历更具吸引力和专业性，为求职赢得更多的面试机会。

第2步 表格内容输入完成后，单击表格左上角的⊞按钮，选中表格中的所有内容，单击【开始】选项卡下【字体】组中的【字体】下拉按钮，在下拉列表中选择【华文宋体】选项，如下图所示。

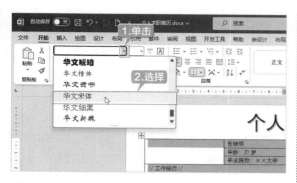

第3步 将"工作经历""荣誉奖励""职场技能"3个标题的字体均设置为【微软雅黑】，将其字号设置为"小二"，并设置"加粗"效果，如下图所示。

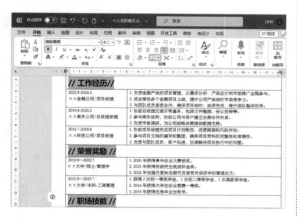

第4步 根据内容设置其他文本的字号，并为部分文本设置加粗效果，如下图所示。

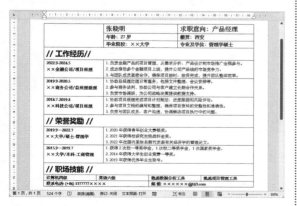

第5步 表格字号调整完成后，发现表格内容整体看起来比较拥挤，这时可以适当调整表格的

行高。将光标定位至要调整行高的单元格中，选择【布局】选项卡，在【单元格大小】组的【表格行高】文本框中输入表格的行高，或者单击文本框右侧的微调按钮，调整表格行高。这里输入"1.5厘米"，并按【Enter】键，如下图所示。

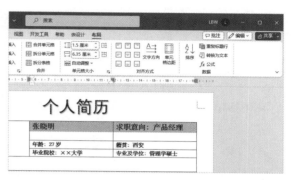

第6步 调整表格行高，效果如下图所示。

第7步 使用同样的方法，为表格中的其他行调整行高。调整后的效果如下图所示。

第8步 设置表格内容的对齐方式。选中要设置对齐方式的单元格，然后单击【布局】选项卡下【对齐方式】组中的【左对齐】按钮，如下图所示。

第9步 将表格中的内容设置为左对齐，效果如下图所示。

第10步 使用同样的方法，设置其他单元格的对齐方式，效果如下图所示。

2.4.4 美化表格

在 Word 中将表格制作完成后，可对表格的边框、底纹进行美化设置，使个人求职简历看起来更加美观。

1. 填充表格底纹

为了突出表格内的某些内容，可以为其填充底纹，以便查阅者能够清楚地看到要突出的信息。填充表格底纹的具体操作步骤如下。

第1步 选择要填充底纹的单元格，单击【表设计】选项卡下【表格样式】组中的【底纹】下拉按钮，在弹出的下拉列表中选择一种底纹颜色，如下图所示。

第2步 设置底纹后的效果，如下图所示。

| 提示 |

　　选择要设置底纹的表格，单击【开始】选项卡下【段落】组中的【底纹】按钮 ◇ ，在弹出的下拉列表中也可以填充表格底纹。

第3步 选中设置了底纹的单元格，单击【表设计】选项卡下【表格样式】组中的【底纹】下拉按钮，在弹出的下拉列表中选择【无颜色】选项，如下图所示。

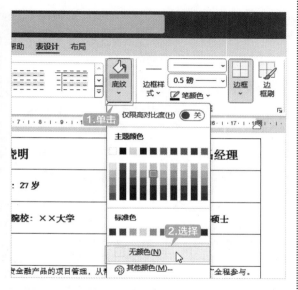

第4步 即可删除设置的底纹颜色，如下图所示。

张晓明		求职意向：产品经理
年龄：27 岁		籍贯：西安
毕业院校：××大学		专业及学位：管理学硕士

// 工作经历//

2. 设置表格的边框类型

　　如果用户对默认的表格边框设置不满意，可以重新进行设置。为表格添加边框的具体操作步骤如下。

第1步 选择整个表格，单击【表设计】选项卡下【边框】组中的【边框和底纹】按钮 ，如下图所示。

第2步 弹出【边框和底纹】对话框，在【边框】选项卡下选择【设置】选项区域中的【全部】选项。在【样式】列表框中任意选择一种线型。这里选择第一种线型，设置【颜色】为"橙色"，设置【宽度】为"0.5磅"，即可看到预览效果，如下图所示。

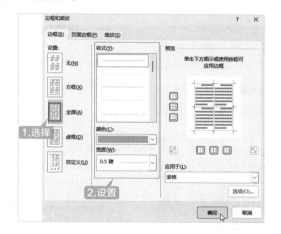

第3步 单击【底纹】选项卡下的【填充】下拉按钮 ，在弹出的下拉列表的【主题颜色】选项区域选择一种颜色，如下图所示。

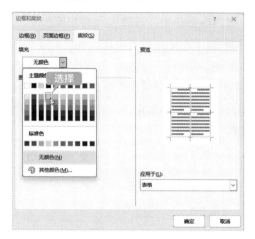

第4步 在【预览】区域可以看到设置底纹后的效果，单击【确定】按钮，如下图所示。

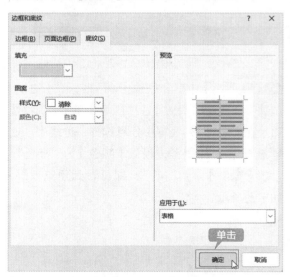

第5步 在个人求职简历文档中看到设置表格边框类型后的效果，如下图所示。

取消表格边框、底纹的具体步骤如下。

第1步 选择表格，打开【边框和底纹】对话框，在【边框】选项卡下选择【设置】选项区域中的【无】选项，在【预览】区域即可看到取消边框后的效果，如下图所示。

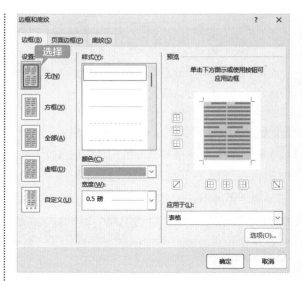

第2步 单击【底纹】选项卡下的【填充】下拉按钮，在弹出的下拉列表中选择【无颜色】选项，然后单击【确定】按钮，如下图所示。

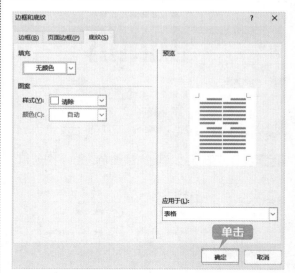

第3步 表格被取消边框和底纹的效果，如下图所示。

Word 中提供了多种内置的表格样式供用户选择。单击【表设计】选项卡下【表格样式】组中的某种表格样式的缩略图，文档中的表格会以预览的形式显示所选表格的样式，单击 按钮，可查看更多的表格样式。

下面将通过插入背景图片及设置表格的边框类型来美化表格，具体操作步骤如下。

第1步 单击【插入】选项卡下【插图】组中的【图片】下拉按钮，在弹出的列表中选择【此设备】选项，如下图所示。

第2步 弹出【插入图片】对话框，选择要插入的图片，单击【插入】按钮，如下图所示。

第3步 将图片插入文档中。选中图片，单击【图片格式】选项卡下【排列】组中的【环绕文字】下拉按钮，在弹出的下拉列表中选择【衬于文字下方】选项，如下图所示。

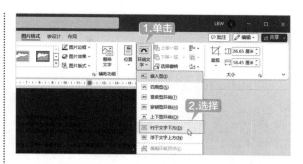

第4步 通过【图片格式】选项卡下【大小】组中的微调框调整图片大小，使其布满大部分页面，然后将第一行文本的字体颜色设置为"橙色"，其他单元格文本的字体颜色设置为"白色"，效果如下图所示。

第5步 选中"工作经历"文本，单击【开始】选项卡下【字体】组中的【字体颜色】下拉按钮，在弹出的列表中选择【橙色】，如下图所示。

第6步 分别设置"荣誉奖励""职场技能"字体颜色，效果如下图所示。

第7步 选中"工作经历"文本所在的单元格，单击【开始】选项卡下【段落】组中的【边框】下拉按钮⊞·，在弹出的下拉列表中选择【边框和底纹】选项，如下图所示。

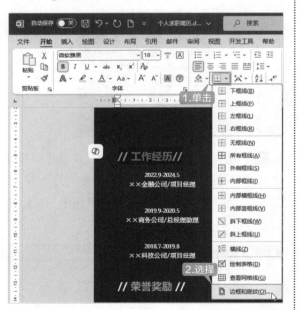

第8步 弹出【边框和底纹】对话框，选择【边框】选项卡，在【设置】选项区域中选择【自定义】选项，在【样式】列表中选择一种边框样式，将其【颜色】设置为"白色"，【宽度】设置为

"0.5磅"，在【预览】区域中单击【下框线】按钮⊞，然后单击【确定】按钮，如下图所示。

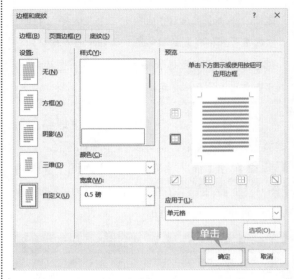

第9步 看到添加的边框效果，如下图所示。

第10步 使用同样的方法，为表格中的其他单元格添加边框，效果如下图所示。

2.5 使用在线图标

在制作简历时，有时会用到图标。虽然大部分图标结构简单，表达力强，但是在网上搜索时却很难找到合适的图标。Office 拥有在线插入图标的功能，大大方便了文档的制作。

下面将在"职场技能"栏中插入 4 个图标，具体操作步骤如下。

第1步 将光标定位至"计算机四级"前，单击【插入】选项卡下【插图】组中的【图标】按钮，如下图所示。

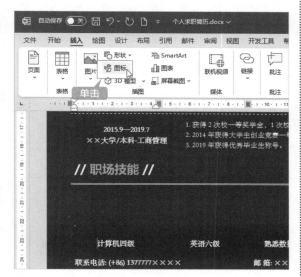

第2步 弹出【图标】对话框，可以在搜索框中输入关键词进行搜索，也可以通过下方分类进行查找，选择合适的图标，单击【插入】按钮，如下图所示。

第3步 将选中的图标插入文档中，调整其位置和大小。然后使用同样的方法，插入并设置其他图标，效果如下图所示。

第4步 选中一个图标，则会弹出【图形格式】选项卡，单击【图形格式】选项卡下【图形样式】组中的【图形填充】下拉按钮，在弹出的下拉列表中选择【白色】，如下图所示。

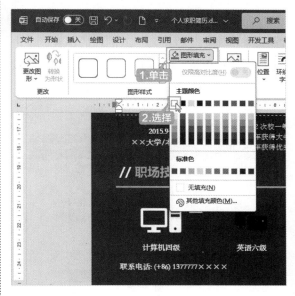

第5步 即可将选中的图标颜色更改为白色，效果如下图所示。

色也更改为白色，效果如下图所示。

第6步 使用同样的方法，将其他3个图标的颜

2.6 添加头像

在个人简历中添加头像时会遇到各种问题，如头像显示不完整、无法调整头像大小等。本节将介绍插入图片和编辑图片的方法，帮助用户解决在简历中添加头像的问题。

2.6.1 重点：插入图片

用户可以根据需求在文档中插入图片，以丰富文档内容，使之更加生动形象。在个人简历中插入图片的具体操作步骤如下。

第1步 将光标定位至要插入图片的位置，单击【插入】选项卡下【插图】组中的【图片】下拉按钮，在弹出的下拉列表中选择【此设备】选项，如下图所示。

第2步 在【插入图片】对话框中选择要插入的图片，单击【插入】按钮，如下图所示。

第3步 将图片插入文档中，将光标放置在图片的其中一个角上，当光标变为形状时，按住鼠标左键进行拖曳，即可等比例缩放图片。调整图片大小后的效果如下图所示。

第4步 选中图片，单击【图片格式】选项卡下【排列】组中的【环绕文字】下拉按钮，在弹出的下拉列表中选择【浮于文字上方】选项，如下图所示。

第5步 然后将光标放在图片上，调整图片的位置，最终效果如下图所示。

2.6.2 编辑图片

对插入的图片进行美化，可以使图片更好地融入个人简历中。

第1步 选中图片，单击【图片格式】选项卡下【图片样式】组中的按钮，在弹出的下拉列表中选择【柔化边缘椭圆】选项，如下图所示。

第2步 至此，个人求职简历就制作完成了，最终效果如下图所示。

2.7 将 Word 文档转为 PDF 文档

个人简历制作完成后，建议将其转换为 PDF 格式的文件，这样不仅便于简历的投递，还能有效防止版面错乱，确保简历的呈现效果。

第1步 单击【文件】选项卡，进入下图所示的界面，单击【导出】选项，在右侧的【导出】区域选择【创建PDF/XPS文档】选项，然后单击【创建PDF/XPS】按钮，如下图所示。

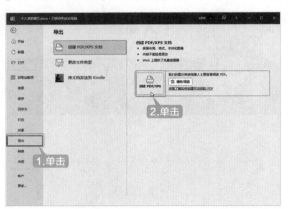

第2步 弹出【发布为 PDF 或 XPS】对话框，选择保存位置，确定保存类型为 PDF，单击【发布】按钮，即可将其转为 PDF 文档，如下图所示。

2.8 AI 助力求职

在制作完个人简历后，可以利用 AI 模型来优化简历内容，并通过模拟面试来提高求职者的面试表现，从而增加入职的机会。

2.8.1 使用 AI 优化简历内容以匹配职位需求

在求职过程中，我们可以让 AI 扮演 HR 的角色，利用其智能分析能力对简历进行审核，并提供专业、有针对性的修改建议，以提升简历的质量和竞争力。这样一来，求职者能够更加精准地展示自身才能与经验，提高获得面试机会的可能性。

本小节以 Kimi 大模型为例，介绍具体的使用方法。

第1步 打开 Kimi 官网并进行登录，新建一个会话，然后将个人简历拖到页面中的任意位置，如下图所示。

第2步 文件会自动上传，然后在输入框中输入指令，单击➤按钮或按【Enter】键，如下图所示。

第3步 Kimi根据提供的内容，并结合指令提供一些建议，用户可以根据建议对文档进行修改和完善，如下图所示。

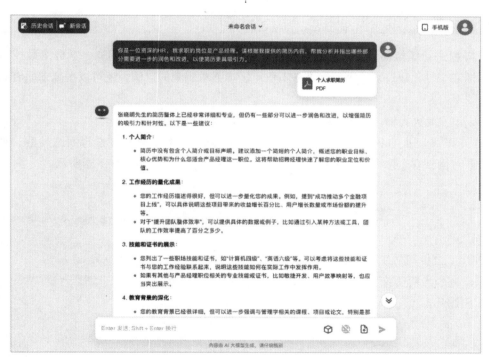

2.8.2 用 AI 检查简历中的语法错误

AI可以检查简历中的语法错误，如拼写错误、标点符号使用不当、主谓不一致等。利用AI技术，我们可以高效地确保简历语言的准确性和专业性，从而提高求职者的竞争力。

第1步 打开Kimi官网，将个人简历拖到页面中，然后输入指令，按【Enter】键，如下图所示。

第2步 Kimi会审查简历内容,并提供一些建议,如下图所示。用户可以根据建议对Word文档进行修改和完善。

2.8.3 AI 模拟面试,助力成功拿下 Offer

通过与AI进行模拟面试,求职者可以练习回答真实面试中的常见问题,掌握沟通技巧,并获得即时反馈和个性化建议。这种面试准备不仅可以增强求职者的自信,还可以提高求职者的面试成功率。

下面以讯飞星火为例,介绍"AI面试官"的使用方法。

第1步 打开讯飞星火官网并登录,在【插件】区域选择【AI面试官】选项,如下图所示。

第2步 弹出【上传简历】对话框,根据上传文件的要求,将个人简历文件拖到对话框的上传区域,如下图所示。

第3步 上传成功后,选择面试类型,然后单击【开始面试】按钮,如下图所示。

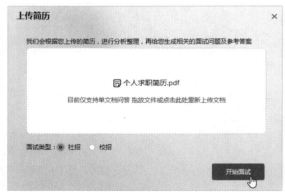

第4步 讯飞星火会根据简历文件自动生成相关的面试问题,并提供参考答案,如下图所示。

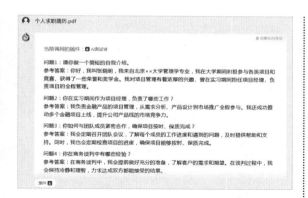

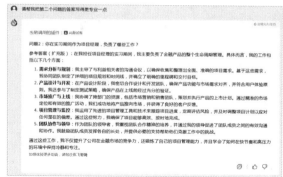

第5步 如果对问题或参考答案不满意，还可以在问题输入框中输入具体的要求，然后单击【发送】按钮，如下图所示。

第7步 在所有提问结束后，还可以让讯飞星火针对前面的回答进行点评，并以此优化回答，如下图所示。

第6步 讯飞星火会根据要求给出回答，如下图所示。

 举一反三

制作报价单

与个人求职简历类似的文档还有报价单、企业宣传单、培训资料、产品说明书等。制作这类文档时，要求做到色彩统一、图文结合、编排简洁，使读者能把握重点并快速获取需要的信息。

下面就以制作报价单为例进行介绍。

1. 设置页面

新建空白文档，设置报价单的页面边距、页面大小等，并将文档命名为"报价单"，如下图所示。

	公司名称：						
企业 LOGO	公司地址：			**报价单**			
	Tel 固定电话：						
	Fax 传真						
	Email：						
客户名称：				报价单号：			
客户电话：				开单日期：			
联系人：				列印日期：			
客户地址：				更改日期：			
1.报价事项说明							
2.报价事项说明							
3.报价事项说明							
4.报价事项说明							
5.报价事项说明							
序号	物品名称	规格	单位	数量	单价	总价	币别
1	手机	A1586	部	20	4888	97760	RMB
2	笔记本电脑	KU025	台	10	7860	78600	RMB
3	打印机	BO224	台	15	3800	57000	RMB
4	A4 纸	WD102	箱	40	150	6000	RMB
					总价	239360	RMB

2. 插入表格并合并单元格

选择【插入】选项卡下【表格】组中的【插入表格】选项，调用【插入表格】对话框，插入8列31行的表格。根据需要对单元格进行合并和拆分，如下图所示。

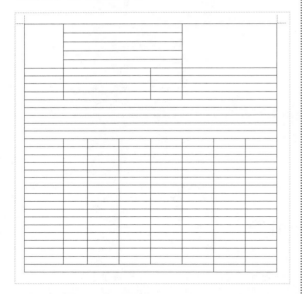

4. 美化表格

对表格进行底纹填充等操作，美化表格，如下图所示。

	公司名称：						
企业 LOGO	公司地址：			**报价单**			
	Tel 固定电话：						
	Fax 传真						
	Email：						
客户名称：				报价单号：			
客户电话：				开单日期：			
联系人：				列印日期：			
客户地址：				更改日期：			
1、报价事项说明							
2、报价事项说明							
3、报价事项说明							
4、报价事项说明							
5、报价事项说明							
序号	物品名称	规格	单位	数量	单价	总价	币别
1	手机	A1586	部	20	4888	97760	RMB
2	笔记本电脑	KU025	台	10	7860	78600	RMB
3	打印机	BO224	台	15	3800	57000	RMB
4	A4 纸	WD102	箱	40	150	6000	RMB
					总价	239360	RMB

3. 输入表格内容，并设置字体效果及行高和列宽

输入报价单内容，并根据需要设置字体效果，调整行高和列宽，如下图所示。

◇ 使用 AI 智能生成简历模板

部分 AI 模型支持生成简历模板功能，用户只需提供相关信息，即可获得专业且符合规范的简历模板。此外，这些模板还支持在线编辑和排版，为用户提供了极大的便利，显著提高了简历制作的效率和质量。下面以讯飞星火为例，介绍 AI 生成简历模板的方法。

第1步 打开讯飞星火官网并登录，在【插件】区域选择【智能简历】选项，如下图所示。

第2步 在输入框中输入指令内容，然后单击【发送】按钮，如下图所示。

第3步 调用【智能简历】插件功能，生成一份简历模板，如下图所示。

第4步 如果对简历模板不满意，可单击【重新回答】按钮，即可重新生成简历模板。另外，也可以单击【编辑简历】超链接，对简历进行在线编辑，如下图所示。

第5步 单击超链接后，即可打开下图所示页面，如果需要修改某处信息，可单击进行操作。

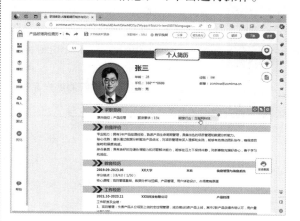

第6步 在弹出的对话框中，即可修改该模块的信息并选择到岗时间，修改后单击【保存】按钮，如下图所示。修改完成后，用户可以根据需求进行打印、下载等操作。

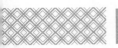

◇ 文档翻译一键完成

AI的翻译功能不仅快速、高效，而且随着技术的不断发展，其准确性也在不断提高。AI翻译工具可以很好地处理很多语言的语法和词汇，以实现更准确、流畅的翻译。此外，AI翻译工具还可以自动纠正常见的翻译错误，如拼写错误、语法错误等，从而提供更优质的翻译结果。

AI支持的语言包括但不限于中文、英文、日文、韩文、西班牙文、葡萄牙文、俄文、法文、德文、意大利文等。使用AI翻译时，要在问题中指明翻译内容。

1. 中文翻译为英文

指令	将下面的中文翻译为英文，要求使用书面语，表达出对对方的尊重。 李先生您好，您需要的产品采购清单，我已经详细标注了产品型号及单价，已经发送到您的邮箱，请注意查收
AI回复	Dear Mr. Li, greetings. The product procurement list you require has been meticulously annotated with the product models and unit prices, and has been sent to your email. Please be sure to check your inbox

2. 英文翻译为中文

指令	将下面的英文翻译为中文，要求使用书面语，表达出对对方的尊重。 Dear Mr. Li, greetings. The product procurement list you require has been meticulously annotated with the product models and unit prices, and has been sent to your email. Please be sure to check your inbox
AI回复	尊敬的李先生，您好。您所需的产品采购清单已经详尽地标明了产品型号及单价，并已发送至您的电子邮箱。请您务必查收

第3章

Word 高级应用——
长文档的排版

本章导读

在办公与学习中，经常会遇到包含大量文字的长文档，如毕业论文、个人合同、公司合同、企业管理制度、公司内部培训资料、产品说明书等。使用Word提供的创建和更改样式、插入页眉和页脚、插入页码、创建目录等功能，可以方便地对这些长文档进行排版。本章以排版公司内部培训资料为例，介绍长文档的排版技巧。

思维导图

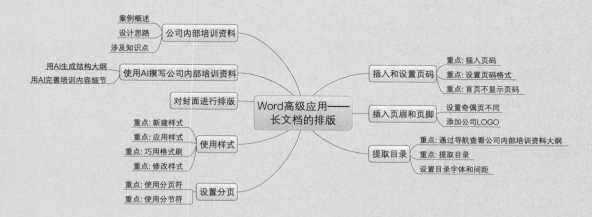

3.1 公司内部培训资料

每个公司都有其独特的企业文化和行为要求，新员工进入公司后，往往会经过一个简单的入职培训。公司内部培训资料作为公司培训中经常使用的文档资料，可以帮助员工更好地完成培训。

3.1.1 案例概述

良好的礼仪能使客户对公司有一个积极的印象，而公司内部培训资料的版面也需要赏心悦目。制作一份正式的公司内部培训资料，不仅显得公司很专业，还方便培训者阅读，使其把握培训重点并快速掌握培训内容，起到事半功倍的效果。公司内部培训资料的排版需要注意以下几点。

1. 格式统一

（1）公司内部培训资料内容分为若干等级，相同等级的标题要使用相同的字体样式（包括字体、字号、颜色等），不同等级的标题之间字体样式要有明显的区分。通常按照标题等级高低将字号由大到小进行设置。

（2）正文字号最小且需要统一所有正文样式，否则文档将显得很杂乱。

2. 层次结构区别明显

（1）可以根据需要设置标题的段落样式，为不同标题设置不同的段间距和行间距，使不同标题等级之间或标题和正文之间的结构区分更明显，便于阅读者查阅。

（2）使用分页符将需要单独显示的页面另起一页显示。

3. 提取目录便于阅读

（1）根据标题等级设置对应的大纲级别，这是提取目录的前提。

（2）添加页眉和页脚不仅可以美化文档，还能快速向阅读者传递文档信息。为了满足多样化的文档需求，可以灵活设置奇偶页不同的页眉和页脚。

（3）插入页码也是提取目录的必备条件之一。

（4）提取目录后可以根据需要设置目录的样式，使目录格式工整、层次分明。

3.1.2 设计思路

可以按以下思路进行排版公司内部培训资料。

（1）制作公司内部培训资料的封面，包含培训项目名称、培训时间等，可以根据需要对封面进行美化。

（2）设置培训资料的标题和正文样式，包括文本样式及段落格式等，并根据需要设置标题的大纲级别。

（3）使用分页符或分节符设置文本格式，将重要内容另起一页显示。

（4）插入页码、页眉和页脚，并根据要求提取目录。

3.1.3 涉及知识点

本案例主要涉及以下知识点。

（1）使用AI辅助撰写培训资料。

（2）使用样式。

（3）使用格式刷工具。

（4）使用分页符、分节符。

（5）插入页码。

（6）插入页眉和页脚。

（7）提取目录。

3.2 使用 AI 撰写公司内部培训资料

在制作公司内部培训资料时，为了提高工作效率，我们可以利用AI模型辅助撰写工作。

3.2.1 用 AI 生成结构大纲

在处理长文档时，为了确保内容的条理性和高效性，我们可以使用AI确定文档的结构大纲。随后，再逐步细化和完善各个部分的内容。下面以"Kimi"为例，详细介绍具体的操作步骤。

第1步 打开Kimi官网，在输入框中输入指令，单击 ➤ 按钮，如下图所示。

第2步 Kimi根据指令生成大纲，如下图所示。

第3步 如果对大纲有具体的修改意见，可输入指令，单击 ➤ 按钮，如下图所示。

第4步 Kimi根据指令，完善和修改结构大纲，如下图所示。

3.2.2 用 AI 完善培训内容细节

鉴于AI模型在文字输出方面的篇幅限制，若需生成篇幅较长的文档，建议采取分步骤的方式，逐步生成各个部分的内容，并最终进行整合与汇总。这样可以确保文档的完整性和连贯性，同时避免超出模型的输出限制。

第1步 在输入框中输入指令，然后按【Enter】键，如下图所示。

第2步 AI模型根据指令自动生成具体的内容，如下图所示。用户可以根据实际需求对生成的内容进行判断，并决定是否需要进行调整。如需调整，用户只需发送相应的指令给AI模型，模型将据此进行相应修改。

第3步 当引言部分确定后，即可输入第一部分的生成指令，如下图所示。

第4步 AI即可生成该部分内容，如下图所示。

第5步 使用同样的方法，用AI逐步生成各部分内容，然后分别将其采用"仅保留文本"的方式粘贴到Word文档中，如下图所示。

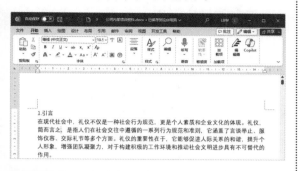

第6步 将AI生成的文本粘贴到Word后，可能会存在空白行，可以通过1.4.4小节的方法，批量删除空白段落，如下图所示。

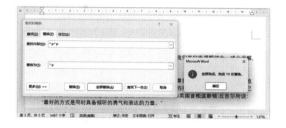

> **｜提示｜**
>
> 在完成长文档的整理后，建议将其拖到AI工具中进行检查。此操作有助于识别文档中的拼写错误、语法问题及内容上的疏漏，以提高文档的专业性和准确性。

3.3 对封面进行排版

本节将为公司内部培训资料添加封面，具体操作步骤如下。

第1步 将光标定位至文档最前的位置，单击【插入】选项卡下【页面】组中的【空白页】按钮，如下图所示。

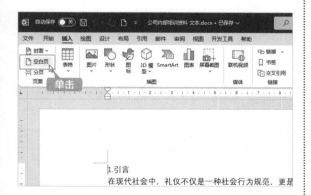

第2步 在文档中插入一个空白页面，将光标定位至页面最开始的位置，如下图所示。

第3步 按【Enter】键换行，并输入"××公司礼仪培训资料"，按【Enter】键换行，输入"内部资料"，然后输入日期，效果如下图所示。

第4步 选中"××公司礼仪培训资料"文本，将字体设置为"黑体"并添加"加粗"效果，字号为"小初"，如下图所示。

第5步 设置对齐方式为"居中"，设置段前、段后间距各为"1行"，效果如下图所示。

第6步 设置"内部资料"和日期文本的字体为"黑体"，字号调整为"小二"，并设置为"居中"。然后按【Enter】键另起一行，使其位于页面最下方，效果如下图所示。

3.4 使用样式

样式是字体格式和段落格式的集合。在对长文档进行排版时，可以对相同性质的文本重复套用特定样式，以提高排版效率。

3.4.1 重点：新建样式

在对公司培训资料这类长文档进行排版时，相同级别的文本一般会使用统一的样式，具体操作步骤如下。

第1步 选中"1.引言"文本，单击【开始】选项卡下【样式】组中的【样式】按钮，如下图所示。

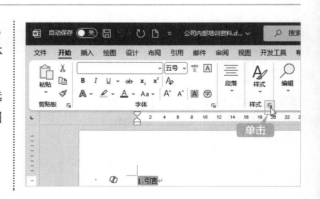

第2步 弹出【样式】任务窗格，单击【新建样式】按钮A，如下图所示。

第3步 弹出【根据格式化创建新样式】对话框，在【属性】选项区域中设置【名称】为"培训资料1级标题"，【样式基准】为"无样式"，在【格式】选项区域中设置【字体】为"黑体"，【字号】为"三号"，并设置"加粗"效果，如下图所示。

提示

【样式基准】是指在创建新样式时，被选作基础或起点的一个已存在的样式。若后续对基准样式进行修改，则所有基于该基准样式的其他样式均会自动更新。在本例中，选择"无样式"是为了确保该样式的独立性，避免受到其他样式的影响。

第4步 单击左下角的【格式】按钮，在弹出的列表中选择【段落】选项，如下图所示。

第5步 弹出【段落】对话框，在【缩进和间距】选项卡下的【常规】选项区域中设置【对齐方式】为"左对齐"，【大纲级别】为"1级"，在【间距】选项区域中设置【段前】为"1行"，【段后】为"1行"，然后单击【确定】按钮，如下图所示。

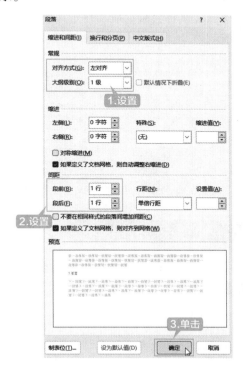

第6步 返回【根据格式化创建新样式】对话框，在预览窗口可以看到设置的效果，单击【确定】按钮，如下图所示。

第7步 创建名称为"培训资料1级标题"的样式，所选文字将会自动应用自定义的样式，如下图所示。

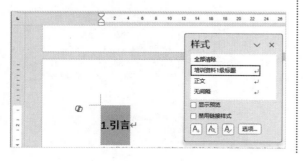

第8步 重复上述操作步骤，选择"2.1 面容仪表"文本，设置样式的【名称】为"培训资料2级标题"，如下图所示。并设置【样式基准】为"无样式"，【字体】为"黑体"，【字号】为"四号"，【大纲级别】为"2级"，【段前】和【段后】间距为"0.5"行。

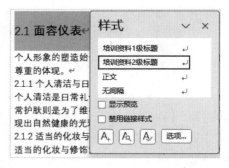

第9步 选择"2.1.1 个人清洁与日常护肤"文本，设置样式的【名称】为"培训资料3级标题"，如下图所示。并设置【样式基准】为"无样式"，【字体】为"黑体"，【字号】为"小号"，【大纲级别】为"3级"，【行距】为"1.5倍行距"。

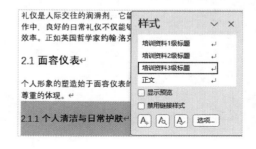

3.4.2 重点：应用样式

可以对需要设置相同样式的文本套用创建好的样式。

第1步 选中"2.日常礼仪的重要性"文本，在【样式】任务窗格的列表中选择【培训资料1级标题】样式，如下图所示。

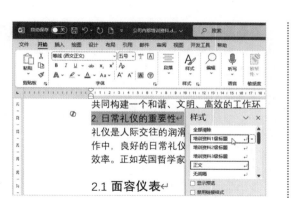

选文本，如下图所示。

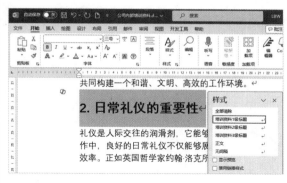

第2步 将【培训资料1级标题】样式应用至所

3.4.3 重点：巧用格式刷

格式刷是一个用于复制和应用文本格式的工具，简单来说就是"格式复制机"，可以帮助用户快速将一个文本的格式应用到另一个文本上，从而避免重复手动设置格式的麻烦。

关于格式刷和应用样式，二者之间存在明显的区别。格式刷主要用于快速复制并应用特定的文本格式，这在需要将某个标题的格式复制到其他标题，或是快速调整局部文本的格式时尤为适用。其特点在于便捷性和针对性，便于用户对特定文本进行格式化操作。

相对而言，应用样式则更适合维护文档的整体一致性。在处理长文档时，通过应用样式可以确保各个部分的格式统一，从而提高文档的可读性和美观性。特别是在需要对某个共同应用的样式段落进行修改时，应用样式的优势更为显著，因为它支持自动更新，能够大大减少用户的工作量。

在实际操作中，用户可以根据需要灵活选择使用格式刷或应用样式，甚至可以将二者结合使用，以达到更高的排版效率。

第1步 选中已经设置好格式的段落文本，这部分文本的格式将被复制。然后单击【开始】选项卡下【剪贴板】组中的【格式刷】按钮，此时

光标将变为 形状，如下图所示。

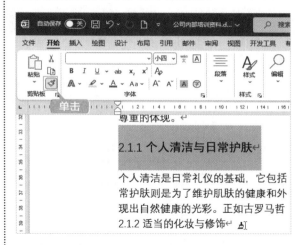

第2步 拖动鼠标选中需要应用新格式的文本，选中的内容的格式就会变成第1步选中的文本的格式，如下图所示。

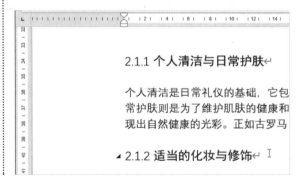

| 提示 |

如果需要对多个部分应用相同的格式，可以双击【格式刷】按钮 ✅，这样就能连续对不同的文本进行格式复制，直到再次单击格式刷按钮或按【ESC】键停止。

在了解了应用样式和格式刷功能的使用方法后，用户可自主选择应用样式或格式刷，对培训资料中的其他标题进行格式设置，我们不再赘述具体的操作步骤。

3.4.4 重点：修改样式

用户可以根据需要对预设的样式或创建的样式进行修改，相应地，应用该样式的文本的样式也会自动更新。修改样式的具体操作步骤如下。

第1步 单击【开始】选项卡下【样式】组中的【样式】按钮 ⤢，弹出【样式】任务窗格，右击要修改的样式，如【正文】样式，在弹出的下拉列表中选择【修改】选项，如下图所示。

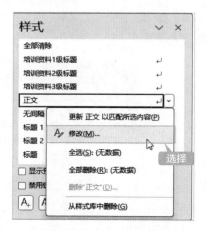

第2步 弹出【修改样式】对话框，将【格式】选项区域中的【字体】改为"宋体"，单击左下角的【格式】按钮，在弹出的列表中选择【段落】选项，如下图所示。

第3步 弹出【段落】对话框，将【首行】的【缩进值】设置为"2字符"，【行距】设置为"固定值"，其【设置值】为"18磅"，单击【确定】按钮，如下图所示。

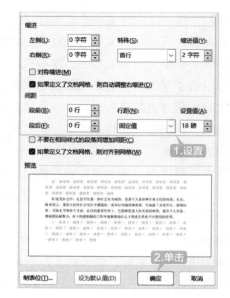

第 5 步 返回【修改样式】对话框，在预览窗口查看设置效果，单击【确定】按钮，如下图所示。

第 6 步 修改完成后，所有应用该样式的文本样式也相应地发生了变化，效果如下图所示。

> | 提示 |
>
> 对样式进行修改后，建议对文档进行检查，调整可能出现的版式问题。

3.5 设置分页

在公司内部培训资料中，有些文本内容需要进行分页显示。下面介绍如何使用分页符和分节符进行分页。

3.5.1 重点：使用分页符

分页符是一个特殊的标记，在文档的某个位置插入分页符后，文档会在此处停止当前页的显示，并将后续内容移至新的一页，主要用于精确控制单个页面的结束位置。它相当于告诉软件："这里我要开始新的一页"。

在长文档排版中，如果希望某部分内容（如章节标题、图表、长列表等）从新的一页开始，避免被挤到前一页的底部或跨页显示，就可以使用分页符来确保内容在指定位置开始新的一页。

例如，本例中将"引言"部分单独放置一页，就可以使用"分页符"，具体操作步骤如下。

第 1 步 将光标定位在"引导语"内容的末尾，单击【布局】选项卡下【页面设置】组中的【分隔符】按钮 분隔符 ，在弹出的下拉列表中选择【分页符】选项，如下图所示。

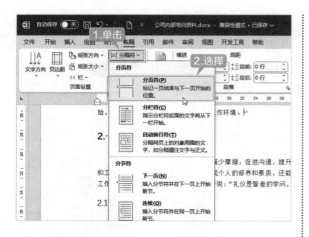

第2步 将光标所在位置以下的文本移至下一页，效果如下图所示。

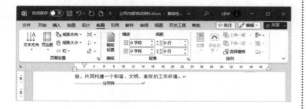

如果在操作中不想显示分页符标记，可以单击【开始】选项卡下【段落】组中的【显示/隐藏编辑标记】按钮，进行显示或隐藏操作。

第3步 使用同样的方法，可以在其他1级标题前插入分页符，使1级标题始终从新的一页开始展示，也可以对一些跨页的2、3级标题进行调整。

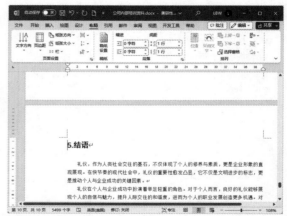

3.5.2 重点：使用分节符

分节符不仅可以将文档内容分隔到新的一页，更重要的是它创建了一个独立的"节"，使得各节之间可以有不同的页面格式设置，特别适用于需要设置多样化的页眉、页脚、页码格式或页面布局的复杂文档。

在长文档排版中，如果希望正文从第1页开始，而前言、目录、正文都是独立的页码部分，应该在前言和目录的结尾处使用分节符，然后为每个部分设置各自的页码格式。这样，正文的第1页就会是阿拉伯数字1，而前言和目录的页码则可以是罗马数字或不计入总页码数。

在本例中，我们需要在封面和目录的位置插入分节符，使其成为独立的"节"。

第1步 将光标定位在封面的末尾，单击【布局】选项卡下【页面设置】组中的【分隔符】按钮，在弹出的下拉列表中选择【分节符】选项区域中的【下一页】选项，如下图所示。

第2步 即可在段落末尾添加一个分节符，后面的内容被放置在下一页，效果如下图所示。

提示

分节符在文档中显示为双虚线或带有特殊标识的线条，用来直观地与分页符相区分，并提示用户此处存在一个节的边界。

3.6 插入和设置页码

对于公司内部培训资料这种篇幅较长的文档，页码可以帮助阅读者记住阅读的位置，查找内容时也更加方便。

3.6.1 重点：插入页码

插入页码的具体步骤如下。

第1步 单击【插入】选项卡下【页眉和页脚】组中的【页码】按钮 页码，在弹出的下拉列表中选择【页面底端】→【普通数字2】选项，如下图所示。

第2步 在文档中插入页码，效果如下图所示。

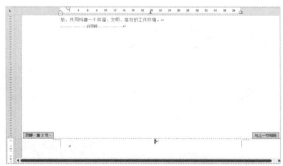

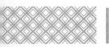

3.6.2 重点：设置页码格式

为了使页码达到最佳显示效果，可以对页码的格式进行简单的设置，具体操作步骤如下。

第1步 单击【页眉和页脚】选项卡下【页眉和页脚】组中的【页码】下拉按钮 页码▾ ，在弹出的下拉列表中选择【设置页码格式】选项，如下图所示。

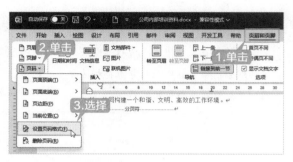

第2步 弹出【页码格式】对话框，单击【编号格式】右侧的▾按钮，在弹出的下拉列表中选择一种编号格式，如下图所示。

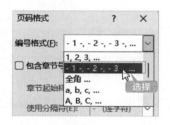

第3步 在【页码编号】选项区域选中【起始页码】单选按钮，在微调框中输入"1"，单击【确定】按钮，如下图所示。

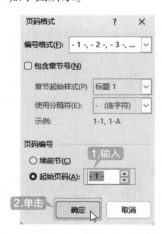

第4步 设置完成后的效果如下图所示。

3.6.3 重点：首页不显示页码

公司内部培训资料的首页是封面，一般不显示页码，使首页不显示页码的具体操作步骤如下。

第1步 在【页眉和页脚】选项卡下的【选项】组中勾选【首页不同】复选框，如下图所示。

第2步 取消首页页码的显示，效果如下图所示。

3.7 插入页眉和页脚

在页眉和页脚中可以输入文档的基本信息，例如，在页眉中输入文档名称、章节标题或作者名称等信息，在页脚中输入文档的创建时间、页码等。页眉和页脚不仅能使文档更美观，还能向读者快速传递文档所要表达的信息。

> **| 提示 | :::::::::**
>
> 插入与设置页脚的方法和插入与设置页眉的方法类似，在本案例中就不过多介绍插入与设置页脚的方法了，主要对插入与设置页眉进行讲解。

3.7.1 设置奇偶页不同

页眉和页脚都可以设置为奇偶页显示不同内容以传达更多信息。下面以设置页眉奇偶页不同效果为例进行介绍，具体操作步骤如下。

第1步 将光标定位至页眉位置，如下图所示。

> **| 提示 | :::::::::**
>
> 在未进入页眉和页脚编辑模式时，用户可通过双击页眉区域的方式，迅速启动页眉的编辑功能。

第2步 输入"××公司"，然后选中"××公司"文本内容，在【开始】选项卡下【字体】组中设置【字体】为"微软雅黑"，【字号】为"五号"，在【段落】组中设置对齐方式为"左对齐"，效果如下图所示。

第3步 切换至【页眉和页脚】选项卡，勾选【选项】组中的【奇偶页不同】复选框，如下图所示。

第4步 在偶数页文本编辑栏中输入"礼仪培训资料"文本，将其【字体】设置为"微软雅黑"，【字号】设置为"五号"，【对齐方式】设置为"右对齐"，效果如下图所示。

第5步 单击【页眉和页脚】选项卡下【页眉和页脚】组中的【页码】按钮 页码，在弹出的下拉列表中选择【页面底端】→【普通数字2】选项，如下图所示。

第6步 为偶数页重新设置页码，双击空白处，退出页眉和页脚的编辑状态，效果如下图所示。

| 提示 |

设置奇偶页不同效果后，需要重新设置奇数页和偶数页样式。

3.7.2　添加公司 LOGO

在公司内部培训资料中加入公司LOGO的具体操作步骤如下。

第1步 在页眉处双击，进入页眉和页脚编辑状态。单击【页眉和页脚】选项卡下【插入】组中的【图片】按钮 图片，如下图所示。

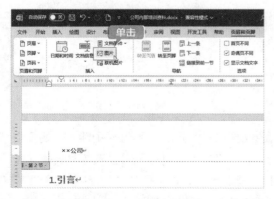

第2步 弹出【插入图片】对话框，选择"素材

\ch03\LOGO.jpg"图片，单击【插入】按钮，如下图所示。

第3步 插入图片到页眉中，调整图片大小。然后选中图片，单击图片旁边的【布局选项】按钮 ，在弹出的悬浮窗中，选择【浮于文字上方】选项，如下图所示。

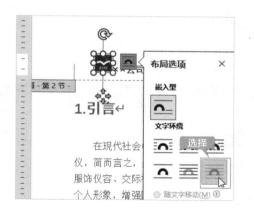

第4步 调整图片和文字的位置，双击空白处，退出页眉和页脚编辑状态，效果如下图所示。

3.8 提取目录

目录是长文档的重要组成部分，可以帮助阅读者更快地找到自己想要阅读的内容。

3.8.1 重点：通过导航查看公司内部培训资料大纲

对文档应用了标题样式或设置了标题级别之后，可以在【导航】窗格中查看设置后的效果并快速切换至所要查看的章节。显示【导航】窗格的方法如下。

在【视图】选项卡下的【显示】组中勾选【导航窗格】复选框，即可在界面左侧弹出【导航】窗格，这里显示了大纲列表，如下图所示。

3.8.2 重点：提取目录

为方便阅读，需要在公司内部培训资料中加入目录，具体操作步骤如下。

第1步 将光标定位在"引导语"前，单击【布局】选项卡下【页面设置】组中的【分隔符】按钮 □ 分隔符 ，在弹出的下拉列表中选择【分节符】选项区域中的【下一页】选项，如下图所示。

第2步 将光标定位在新插入的页面，输入"目录"文本，并清除格式，设置其字体和段落间距，如下图所示。

第3步 将光标定位在"目录"文本后，按【Enter】键换行，然后单击【开始】选项卡下【字体】组中的【清除所有格式】按钮 Aₒ，如下图所示。

第4步 单击【引用】选项卡下【目录】组中的【目录】下拉按钮 ，在弹出的下拉列表中选择【自定义目录】选项，如下图所示。

第5步 弹出【目录】对话框，在【常规】选项区域的【格式】下拉列表中选择【正式】选项，将【显示级别】设置为"3"，在预览区域可以看到设置后的效果，单击【确定】按钮，如下图所示。

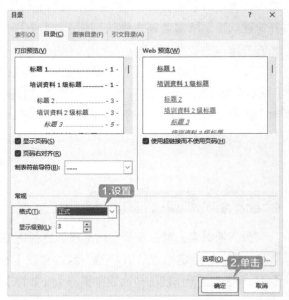

第6步 建立目录后的效果如下图所示。

第7步 将光标移动至目录上，按住【Ctrl】键，光标会变为 🖑 形状，单击相应链接即可跳转至对应标题，如下图所示。

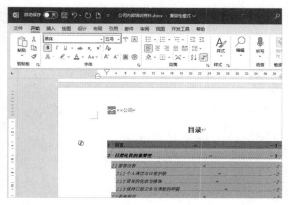

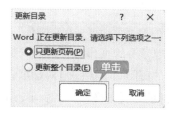

3.8.3 设置目录字体和间距

目录是文档的导航型文本，合适的字体和间距可以帮助阅读者快速找到需要的信息。设置目录字体和间距的具体操作步骤如下。

第1步 选中目录中的1级标题文本，在【开始】选项卡下【字体】组中，设置【字体】为"黑体"，【字号】为"五号"，如下图所示。

第2步 使用同样的方法设置其他字体，可通过格式刷工具复制设置好的目录样式。

第3步 选择全部目录文本，单击【段落】组中的【行和段落间距】按钮 ≡▾，在弹出的下拉列表中选择【1.5】选项，如下图所示。

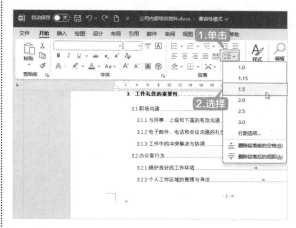

第4步 设置后的效果如下图所示。

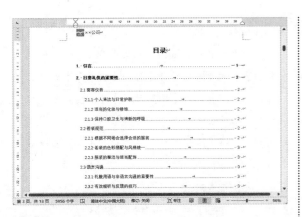

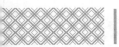

第5步 双击目录的页脚位置，进入页眉和页脚编辑状态，打开【页码格式】对话框，可以根据需求设置目录的页码格式，然后单击【确定】按钮，如下图所示。

第6步 为目录设置显示效果，并退出页眉和页脚编辑状态，如下图所示。

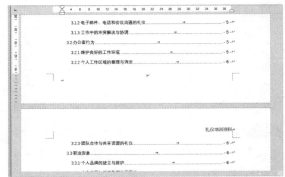

|提示|

在本案例中，目录能够应用独特的页码编号格式，关键在于成功插入了分节符，进而形成了独立的节。这确保了目录页码与正文页码不会产生任何冲突。至此，相信读者能够更深入地理解分页符和分节符在长文档排版中的作用和重要性。

排版毕业论文

　　排版毕业论文时需要注意，文档中同一类别的文本的格式要统一，层次要有明显的区分，要对同一级别的段落设置相同的大纲级别，还需要将部分内容单独显示。排版毕业论文时可以按以下思路进行。

1. 设计毕业论文首页

制作论文封面，包含题目、个人相关信息、指导教师和日期等，如下图所示。

××大学
毕业论文

题目：家族企业的利与弊

姓　名：张晓明
学　号：202102120401
学　院：管理学院
专　业：企业管理
指导教师：冯晓敏

2024 年 5 月 10 日

2. 设计毕业论文格式

学校会统一要求毕业论文的格式，在撰写毕业论文的时候，需要根据要求来设计格式，如下图所示。

摘要

家族企业对我国国民经济的快速发展做出了贡献，是民营经济的重要组成部分。市场经济的发展和"一带一路"战略的深入实施，促进了我国经济与世界经济的深度融合，越来越多的外国企业进入我国经济发展中来，而家族企业在发展中就面临着重要挑战，同时也暴露出它的局限性与不足，面临着传承的严峻考验。

本文主要通过五部分进行论述。首先，对家族企业的概念和特征进行了分析，概述了家族企业的内涵，并指出了家族企业的特征；其次，分析了家族企业的发展现状，旨在分析家族企业在现代经济环境下的真实情况；再次，对家族企业的优势进行了分析，找出了家族企业相对其他企业的先天优势；然后，分析了家族企业的内在弊端，指出了其发展的局限性等问题；最后，着重探讨了家族企业如何可持续发展，并找出了让家族企业基业长青的有效途径。

本文得出的主要结论是：家族企业是民营经济的重要组成部分，在国民经济建设中起着重要的作用，在"一带一路"国家战略背景下，要充分发挥与生俱来的企业优势，与现代经济理论相结合，摆脱家族管理模式的弊端，加快"走出去"的步伐，实现可持续发展。

[关键词] 家族企业；发展现状；优势；内在弊端；可持续发展

3. 设置页眉并插入页码

在毕业论文中可能需要插入页眉，使文档看起来更美观，此外还需要插入页码，如下图所示。

4. 提取目录

为毕业论文提取目录，效果如下图所示。

目　录

分节符(下一页)

◇ 巧用AI提炼文章标题

AI作为智能工作助理，能够高效提炼文章的核心观点，并依据目标读者的兴趣和偏好，生成精准且个性化的标题建议。

第1步 打开AI模型，输入指令，如"根据下面的内容，生成5个与内容对应的标题"并加上文章内容，然后单击【发送】按钮，如下图所示。

第2步 生成相应标题，如下图所示。

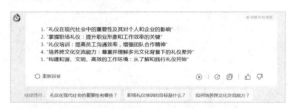

第3步 如果希望限制字数，可发送指令，如下图所示。

第4步 重新生成标题，如下图所示。

第5步 还可以加入更具体的要求，如下图所示。

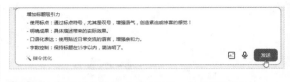

第6步 根据新要求生成标题，如下图所示。

◇ 借助AI快速解读长篇文档

在处理长篇文档时，通过AI大模型可以迅速理解文档内容。此外，AI还能有效提炼文档中的关键信息，并根据用户的具体指令提供精准回应，极大地提高了工作效率。

下面以"讯飞星火"为例，具体操作步骤如下。

第1步 在插件区域，单击【文档问答】选项卡，如下图所示。

第2步 弹出【上传文档发起提问】对话框，将文档拖到上传区域，然后单击【开始问答】按钮，如下图所示。

第3步 讯飞星火会自动解读该文档，如下图

所示。

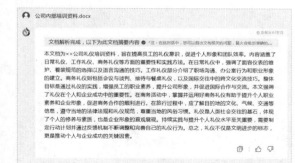

第4步 在输入框中输入指令，如要求制定培训计划方案，然后单击【发送】按钮，如下图所示。

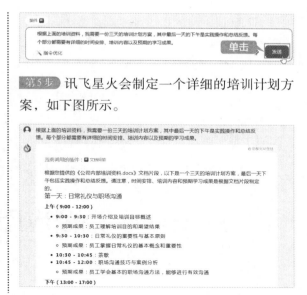

第5步 讯飞星火会制定一个详细的培训计划方案，如下图所示。

第**2**篇

Excel 办公应用篇

本篇主要介绍 Excel 中的各种操作。通过对本篇的学习，读者可以掌握 Excel 的基本操作，表格的美化，初级数据处理与分析，图表，数据透视表和数据透视图，以及公式和函数的应用等操作。

第 4 章

Excel 的基本操作

本章导读

　　Excel 提供了创建工作簿、工作表、输入和编辑数据、插入行与列、设置文本格式等基本操作，可以方便地记录和管理数据。本章以制作客户联系信息表为例，介绍 Excel 表格的基本操作。

思维导图

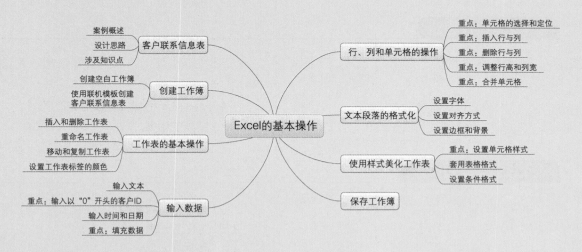

4.1 客户联系信息表

制作客户联系信息表要做到数据准确、层次分明、重点突出，便于公司快速统计客户信息。

4.1.1 案例概述

客户联系信息表记录了客户的编号、公司名称、姓名、性别、城市、电话号码、通信地址等信息，制作时需要注意以下几点。

1. 数据准确

（1）制作客户联系信息表时，选择单元格时要准确，合并单元格时要安排好合并的位置，插入的行和列要定位准确，以确保客户联系信息表中数据的准确性。

（2）Excel中的数据分为数字型、文本型、日期型、时间型、逻辑型等，要分清客户联系信息表中的数据是哪种数据类型，做到数据输入准确。

2. 重点突出

（1）把客户联系信息表的内容在Excel中用边框和背景区分开，使读者的注意力集中到客户联系信息表上。

（2）使用条件样式使职务高的联系人得以突出显示。

3. 分类简洁

（1）确定客户联系信息表的布局，避免使用多余数据。

（2）合并需要合并的单元格，为单元格内容保留合适的位置。

（3）字号不宜过大，表格的标题行可以适当加大、加粗字体，以快速传达表格的内容。

4.1.2 设计思路

制作客户联系信息表时可以按以下思路进行。

（1）创建空白工作簿。

（2）合并单元格，并调整行高与列宽。

（3）在工作簿中输入文本与数据，并设置文本格式。

（4）设置单元格样式并设置条件格式。

（5）保存工作簿。

4.1.3 涉及知识点

本案例主要涉及以下知识点。

（1）创建空白工作簿。

（2）输入数据。

（3）插入与删除行和列。

（4）设置文本段落格式。

（5）美化工作表。

（6）设置条件格式。

（7）保存工作簿。

4.2 创建工作簿

在制作客户联系信息表时，首先要创建空白工作簿，并对创建的工作簿进行保存与命名。

4.2.1 创建空白工作簿

在 Excel 中，工作簿是指用于存储并处理数据的核心文件，其扩展名主要为 .xlsx 和 .xls。通常所说的 Excel 文件指的就是工作簿文件。在使用 Excel 进行数据处理时，创建工作簿是首要的步骤，以下是几种常用的创建方法。

1. 使用自动创建

使用自动创建，可以快速地在 Excel 中创建一个空白的工作簿。在制作本案例的客户联系信息表时，可以使用自动创建的方法创建一个工作簿，具体操作步骤如下。

第1步 启动 Excel 后，在【新建】区域选择【空白工作簿】选项，如下图所示。

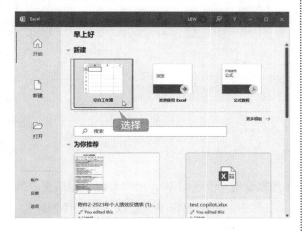

第2步 系统会自动创建一个名称为"工作簿1"的工作簿，如下图所示。

2. 使用【文件】选项卡

如果已经启动 Excel，也可以再次新建一个空白的工作簿。选择【文件】→【新建】选项，在右侧选择【空白工作簿】选项，即可创建一个空白工作簿，如下图所示。

3. 使用快速访问工具栏

单击快速访问工具栏中的【新建】按钮，即可创建一个空白工作簿，如下图所示。

4. 使用快捷键

在打开的工作簿中按【Ctrl+N】组合键即可新建一个空白工作簿。

4.2.2 使用联机模板创建客户联系信息表

启动Excel后，可以使用联机模板创建客户联系信息表，具体操作步骤如下。

第1步 选择【文件】→【新建】选项，在搜索框中输入"客户联系人列表"，单击【搜索】按钮，如下图所示。

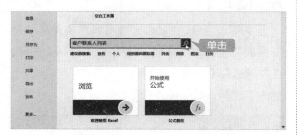

第2步 搜索出Excel中的联机模板，选择【客户联系人列表】模板，如下图所示。

第3步 在弹出的【客户联系人列表】模板界面，单击【创建】按钮，如下图所示。

第4步 创建完成后，Excel会自动打开【客户联系人列表】模板，如下图所示。

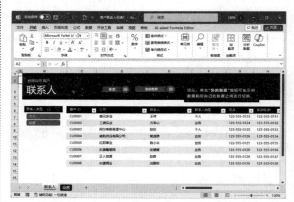

4.3 工作表的基本操作

工作表是工作簿中的一个表。Excel的一个工作簿默认有一个工作表，用户可以根据需要添加工作表，每一个工作簿最多可以包含255个工作表。工作表的标签显示了系统默认的工作表名称：Sheet1、Sheet2、Sheet3等。本节主要介绍对工作表的基本操作。

4.3.1 插入和删除工作表

除了新建工作表，还可以插入新的工作表来满足多工作表的需求。下面介绍几种插入和删除工作表的方法。

1. 插入工作表

最快捷的方法：单击【新工作表】按钮

第1步 在工作簿底部的工作表标签区域中单击【新工作表】按钮 ＋，如下图所示。

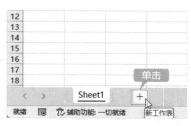

第2步 新建一个空白工作表，如下图所示。

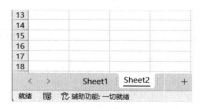

最基本的方法：使用菜单栏

在打开的 Excel 文件中，单击【开始】选项卡下【单元格】组中的【插入】下拉按钮 插入 ，在弹出的下拉列表中选择【插入工作表】选项，如下图所示，即可在工作表的前面创建一个新工作表。

2. 删除工作表

最快捷的方法：使用快捷菜单

第1步 在要删除的工作表标签上右击，在弹出的快捷菜单中选择【删除】选项，如下图所示。

> **| 提示 |**
>
> 如果要删除多个工作表，按住【Ctrl】键不放，同时单击需要删除的多个工作表标签，以选定它们，然后进行上述操作。

第2步 将选定的工作表删除，如下图所示。

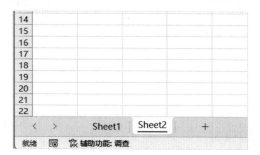

> **| 提示 |**
>
> 删除工作表是不可撤销的操作，删除前请慎重考虑。如果在删除工作表后尚未进行保存操作，可以通过关闭 Excel 文件而不保存更改，然后重新打开文件，这样被删除的工作表会再次出现。建议养成定期备份的习惯，可以从备份文件中恢复被删除的工作表。

最基本的方法：使用菜单栏

选择要删除的工作表，单击【开始】选项卡下【单元格】组中的【删除】下拉按钮 删除 ，在弹出的下拉列表中选择【删除工作表】选项，即可将选择的工作表删除，如下图所示。

4.3.2 重命名工作表

每个工作表都有自己的名称，默认情况下以Sheet1、Sheet2、Sheet3等命名。用户可以对工作表进行重命名操作，以便更好地管理工作表。

重命名工作表的方法有以下两种。

最快捷的方法：双击命名

第1步 双击要重命名的工作表的标签【Sheet1】（此时该标签以高亮显示），进入可编辑状态，如下图所示。

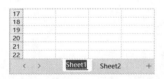

第2步 输入新的标签名，按【Enter】键完成对该工作表的重命名操作，如下图所示。

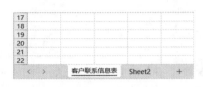

最基本的方法：右键菜单

右击工作表标签，在弹出的快捷菜单中选择【重命名】选项，如下图所示。

4.3.3 移动和复制工作表

在Excel中插入多个工作表后，可以移动和复制工作表。

1. 移动工作表

移动工作表最简单的方法是使用鼠标操作，在同一个工作簿中移动工作表的方法有以下两种。

最快捷的方法：直接拖曳

第1步 选择要移动的工作表，将其拖曳到新的位置，黑色倒三角形会随光标的移动而移动，如下图所示。

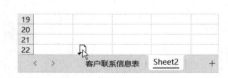

第3步 释放鼠标左键，工作表即可被移动到新的位置，如下图所示。

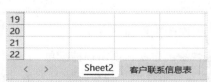

最基本的方法：右键菜单

第1步 在要移动的工作表标签上右击，在弹出的快捷菜单中选择【移动或复制】选项，如下图所示。

第2步 在弹出的【移动或复制工作表】对话框中选择要移动到的位置，单击【确定】按钮，如下图所示。

第3步 将当前工作表移动到指定的位置，如下图所示。

---

2. 复制工作表

用户可以在一个或多个Excel工作簿中复制工作表，有以下两种方法。

最快捷的方法：按【Ctrl】键拖曳

用鼠标复制工作表的步骤与移动工作表的步骤相似，只是在拖曳工作表的同时按住【Ctrl】键即可。

第1步 选择要复制的工作表，按住【Ctrl】键的同时拖曳选中的工作表至新位置，黑色倒三角形会随光标的移动而移动，如下图所示。

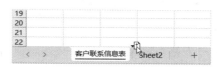

第2步 释放鼠标左键，工作表即被复制到新的位置，如下图所示。

| 提示 |

工作表不仅可以在同一Excel工作簿内部进行移动，还可以跨不同的工作簿进行移动。若需在不同工作簿间移动工作表，则需确保这些工作簿均处于打开状态。打开【移动或复制工作表】对话框，在【将选定工作表移至】区域中【工作簿】下拉列表中选择目标工作簿，然后单击【确定】按钮，即可将当前工作表移动至指定位置。

最基本的方法：右键菜单

右击要复制的工作表标签，在弹出的快捷菜单中选择【移动或复制】选项，打开【移动或复制工作表】对话框，选择要复制的目标工作簿或要插入的位置，然后勾选【建立副本】复选框，单击【确定】按钮，即可完成复制工作表的操作，如下图所示。

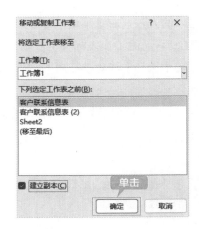

4.3.4　设置工作表标签的颜色

在 Excel 中可以为工作表的标签设置颜色，使该工作表显得格外醒目，以便用户更好地管理工作表，具体操作步骤如下。

第1步 选择要设置标签颜色的工作表，在工作表标签上右击，在弹出的快捷菜单中选择【工作表标签颜色】选项，在弹出的子菜单中选择要设定的颜色，如下图所示。

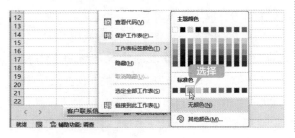

第2步 看到工作表的标签颜色已经更改，如下图所示。

4.4　输入数据

在单元格中输入的数据，Excel 会自动根据数据的特征进行处理并显示出来。本节将介绍在客户联系信息表中如何输入和编辑这些数据。

4.4.1　输入文本

单元格中的文本包括汉字、英文字母、数字和符号等。每个单元格最多可以包含 32767 个字符。在单元格中输入文字和数字，Excel 会将其显示为文本形式；若只输入文字，Excel 会将其作为文本处理；若只输入数字，Excel 会将其作为数值处理。

选择要输入数据的单元格，输入后按【Enter】键，Excel会自动识别数据类型，并将单元格对齐方式默认设置为"右对齐"。

如果单元格列宽无法容纳文本字符串，多余文本字符串会在相邻单元格中显示，若相邻的单元格中已有数据，则截断显示，如下图所示。

在客户联系信息表中删除多余的工作表，并输入文本数据（可以直接使用素材\ch04\客户联系信息表.xlsx文件），如下图所示。

> **｜提示｜:::::::**
>
> 如果在单元格中输入的是多行数据，在换行处按【Alt+Enter】组合键，可以实现换行。换行后在一个单元格中将显示多行文本，行的高度也会自动增大。

4.4.2 重点：输入以"0"开头的客户ID

在Excel中，如果直接输入以数字"0"开头的数字串，Excel将自动省略0。如果要保持以"0"开头的数字，可采用以下两种方法。

最快捷的方法：使用英文单引号

第1步 在输入数字前，先输入一个英文状态下的单引号（'），然后再输入数字，如下图所示。

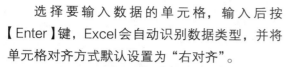

第2步 按【Enter】键，即可确定输入的数字内容，如下图所示。

最基本的方法：设置数字格式

第1步 选中要输入以"0"开头的数字的单元格，单击【开始】选项卡下【数字】组中的【数字格式】下拉按钮，在弹出的下拉列表中选择【文本】选项，如下图所示。

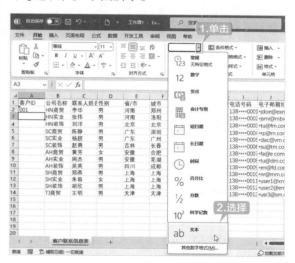

第2步 输入数值"002"，按【Enter】键确定，即可完成数据输入，如下图所示。

4.4.3 输入时间和日期

在客户联系信息表中输入时间或日期时，需要用特定的格式。Excel内置了一些时间与日期的格式，当输入的数据与这些格式相匹配时，Excel会自动将它们识别为时间或日期数据。

1. 输入时间

在输入时间时，小时、分、秒之间用冒号（:）作为分隔符，即可快速地输入时间。例如，输入"15:22"，如下图所示。

如果按12小时制输入时间，需要在时间的后面空一格并输入字母AM（上午）或PM（下午）。例如，输入"5:00 PM"，按【Enter】键后的结果是"5:00 PM"，如下图所示。

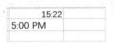

如果要输入当前的时间，按【Ctrl+Shift+;】组合键即可。

2. 输入日期

在客户联系信息表中需要输入日期，以便归档管理。在输入日期时，可以用左斜线或短线分隔日期的年、月、日。例如，可以输入"2024/5"或"2024-5"，具体操作步骤如下。

第1步 将光标定位至要输入日期的单元格，输入"2024/5"，如下图所示。

（图：合作日期 2024/5）

第2步 按【Enter】键，单元格中的内容变为"May-24"，如下图所示。

（图：合作日期 May-24）

第3步 选中单元格，单击【开始】选项卡下【数字】组中的【数字格式】下拉按钮，在弹出的下拉列表中选择【短日期】选项，如下图所示。

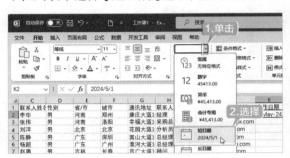

第4步 在Excel中即可看到设置后的效果，如下图所示。

（图：合作日期 2024/5/1）

> **提示**
>
> 如果要输入当前的日期，按【Ctrl+;】组合键即可。

第5步 选择K2:K14单元格区域，单击【开始】选项卡下【数字】组中的【数字格式】按钮，如下图所示。

第6步 弹出【设置单元格格式】对话框，在【分类】列表框中选择【日期】选项，在【类型】列表框中选择一种日期类型，单击【确定】按钮，如下图所示。

> **│提示│**
>
> 按【Ctrl+1】组合键可以快速打开【设置单元格格式】对话框。

第7步 此时K2单元格中的日期类型将变为设定的类型，如下图所示。

K	L
合作日期	
2024-05-01	

第8步 使用同样的方法，在K3:K14单元格区域输入日期信息，如下图所示。

K	L	M	N	O	P
合作日期					
2024-05-01					
2024-05-04					
2024-05-06					
2024-05-07					
2024-05-09					
2024-05-09					
2024-05-10					
2024-05-10					
2024-05-11					
2024-05-12					
2024-05-13					
2024-05-14					
2024-05-15					

4.4.4 重点：填充数据

在客户联系信息表中，用WPS表格的自动填充功能可以方便快捷地输入有规律的数据。有规律的数据是指等差、等比、系统预定义的数据填充序列和用户自定义的序列。

表5-1填充数据的初始选择和扩展序列，帮助读者理解和扩展。

表5-1 填充数据的初始选择和扩展序列

初始选择	扩展序列
1，2，3	4，5，6……
9:00	10:00，11:00，12:00……
周一	周二，周三，周四……
星期一	星期二，星期三，星期四……
1月	2月，3月，4月……
1月，3月	5月，7月，9月……

续表

初始选择	扩展序列
2024年1月，2024年4月	2024年7月，2024年10月，2025年1月……
1月15日，4月15日	7月15日，10月15日……
2024，2025	2026，2027，2028……
1月1日，3月1日	5月1日，7月1日，9月1日……
第3季度（或Q3或季度3）	第4季度，第1季度，第2季度……
文本1，文本A	文本2，文本A，文本3，文本A……
第1期	第2期，第3期……
项目1	项目2，项目3……

（1）提取功能。使用填充功能可以提取单元格中的信息，如出生日期、手机号、姓名等。

提取出生日期如下图所示。

提取手机号及姓名如下图所示。

（2）单元格合并。单元格合并如下图所示。

（3）插入功能。插入如下图所示。

（4）加密功能。加密如下图所示。

（5）位置互换。位置互换如下图所示。

除了上面列举的功能，填充功能还可以在很多场景应用，在此不一一列举。对于有规律的序列，都可以尝试使用填充功能，以提高数据处理的效率。

使用填充柄可以快速填充客户ID，具体操作步骤如下。

第1步 选中A2:A3单元格区域，将光标移至A3单元格的右下角，可以看到光标变为 ➕ 形状，如下图所示。

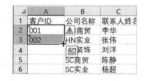

第2步 此时按住鼠标左键向下拖曳至A14单元格，结果如下图所示。

4.5 行、列和单元格的操作

单元格是工作表中行和列交会形成的区域，它可以保存数值、文字和声音等数据。在 Excel 中，单元格是编辑数据的基本元素。下面介绍在客户联系信息表中，对行、列、单元格的基本操作。

4.5.1 重点：单元格的选择和定位

对客户联系信息表中的单元格进行编辑操作时，首先要选择单元格或单元格区域。当用户启动Excel并创建新的工作簿时，默认情况下，单元格A1处于自动选定状态。

1. 选择一个单元格

单击某一单元格，若单元格的边框线变成青粗线，则此单元格处于选定状态。当前选定的单元格的地址显示在名称框中，如下图所示。

提示

在名称框中输入目标单元格的地址，如"G1"，按【Enter】键即可选定第G列和第1行交汇处的单元格。此外，使用键盘上的上、下、左、右4个方向键，也可以选定单元格。

2. 选择连续的单元格区域

在客户联系信息表中，若要对多个单元格进行相同的操作，可以先选择单元格区域。

将光标移到该区域左上角的A2单元格上，按住鼠标左键不放，向该区域右下角的单元格C6拖曳，即可选定A2:C6单元格区域，如下图所示。

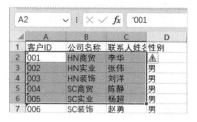

提示

若所选单元格区域范围较大，使用拖曳方式可能不够便捷。以选择A1至N55单元格区域为例，可单击A1单元格，同时按住【Shift】键并单击N55单元格，即可完成该区域的选择。此外，也可以在名称框内直接键入单元格区域的名称，随后按【Enter】键，即可实现快速选定。

3. 选择不连续的单元格区域

选择不连续的单元格区域也就是选择不相邻的单元格或单元格区域，选择第1个单元格区域后（如选择A2:C3单元格区域），按住【Ctrl】键不放，拖曳鼠标选择第2个单元格区域（如选择C7:E8单元格区域），即可选择不连续的单元格区域，如下图所示。

	A	B	C	D	E
1	客户ID	公司名称	联系人姓名	性别	省/市
2	001	HN商贸	李华	男	河南
3	002	HN实业	张伟	男	河南
4	003	HN装饰	刘洋	男	北京
5	004	SC商贸	陈静	男	广东
6	005	SC实业	杨超	男	广东
7	006	SC装饰	赵勇	男	吉林
8	007	AH商贸	黄芳	女	安徽
9	008	AH实业	周杰	男	安徽
10	009	AH装饰	吴英	男	四川

4. 选择所有单元格

选择所有单元格，即选择整个工作表的方法有以下两种。

（1）单击左上角行号与列标相交处的【全选】按钮 ◢ ，即可选择整个工作表。

（2）按【Ctrl+A】组合键也可以选择整个工作表。

> | 提示 |
>
> 选中非数据区域中的任意一个单元格，按【Ctrl+A】组合键选中的是整个工作表；选中数据区域中的任意一个单元格，按【Ctrl+A】组合键选中的是所有带数据的连续单元格区域。

4.5.2 重点：插入行与列

在客户联系信息表中可以根据需要插入行与列。插入行与列有以下两种方法。

最快捷的方法：右键菜单

第1步 如果要在第1行上方插入行，可以选择第1行的任意单元格或选择整行，例如，这里选择A1单元格并右击，在弹出的快捷菜单中选择【插入】选项，如下图所示。

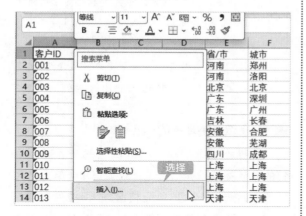

第2步 弹出【插入】对话框，选择【整行】，单击【确定】按钮，如下图所示。

最基本的方法：使用菜单栏

第1步 选择单元格A2，单击【开始】选项卡下【单元格】组中的【插入】下拉按钮 ，在弹出的下拉列表中选择【插入工作表行】选项，如下图所示。

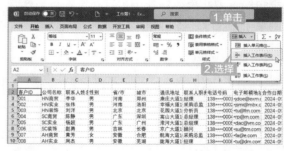

第2步 插入新的一行，如下图所示。

> | 提示 |
>
> 在工作表中插入新行时，当前行向下移动，而插入新列时，当前列则向右移动。选中单元格的名称会相应变化。

4.5.3 重点：删除行与列

删除行与列的方法与插入行与列的方法相似，用户可以通过右键菜单或菜单栏中的【插入】按钮来执行。

选择希望删除的行中的一个单元格，如 A2 单元格。然后右击该单元格，在弹出的快捷菜单中选择【删除】选项。在弹出的【删除】对话框中，选择【整行】，单击【确定】按钮，即可

删除所选单元格所在的整行，如下图所示。

4.5.4 重点：调整行高和列宽

在客户联系信息表中，当单元格的宽度或高度不足时，会导致数据显示不完整。这时就需要调整行高和列宽，使客户联系信息表更易于阅读，具体操作步骤如下。

1. 手动调整行高和列宽

如果要调整行高，可以将光标移动到两行的行号之间，当光标变成 ✚ 形状时，按住鼠标左键向上拖动可使行变窄，向下拖动可使行变宽。如果要调整列宽，可以将鼠标移动到两列的列标之间，当光标变成 ✚ 形状时，按住鼠标左键向左拖动可使列变窄，向右拖动可使列变宽，如下图所示。

2. 精确调整行高与列宽

使用鼠标可以快速调整行高或列宽，但是精确度不高，如果需要调整行高或列宽为固定值，可以使用【行高】或【列宽】命令进行调整。

第1步 选择第1行，在行号上右击，在弹出的快捷菜单中选择【行高】选项，如下图所示。

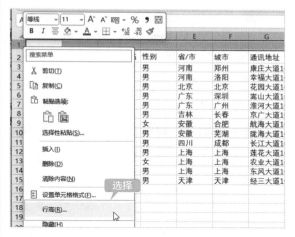

第2步 弹出【行高】对话框，在【行高】文本框中输入 "28"，单击【确定】按钮，如下图所示。

第3步 调整后，第1行的行高被精确调整为 "28"，效果如下图所示。

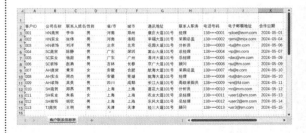

的【列宽】为"14"，C、H、I和K列的【列宽】
为"11"，效果如下图所示。

第4步 使用同样的方法，设置第2行的【行高】
为"20"，第3~15行的【行高】为"18"，并设
置A、B和D~F列的【列宽】为"9"，G和J列

4.5.5 重点：合并单元格

合并单元格是最常用的单元格操作之一。
将两个或多个选定的相邻单元格合并为一个单
元格，不仅可以满足用户编辑表格中数据的需
求，也可以使工作表整体更加美观。

第1步 在A1单元格中输入"客户联系信息表"，
然后选择A1:K1单元格区域，单击【开始】选项
卡下【对齐方式】组中的【合并后居中】下拉按
钮图 ，在弹出的下拉列表中选择【合并单元格】
选项，如下图所示。

第2步 将选择的单元格区域合并为一个单元格，
如下图所示。

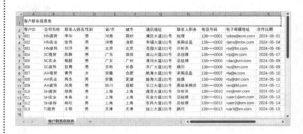

如果要取消单元格合并，可在【合并后居
中】下拉列表中选择【取消合并单元格】选项，
即会恢复成合并前的单元格。

4.6 文本段落的格式化

在Excel中，设置字体格式、对齐方式、边框和背景等，可以美化表格的样式。

4.6.1 设置字体

客户联系信息表制作完成后，可以对字体进行大小、加粗、颜色等设置，使表格看起来更加美
观，具体操作步骤如下。

第1步 选择A1单元格，单击【开始】选项卡下【字体】组中的【字体】下拉按钮 ，在弹出的下拉
列表中选择【黑体】选项，如下图所示。

第2步 单击【开始】选项卡下的【字号】下拉按钮，在弹出的下拉列表中选择"16"，如下图所示。

第3步 单击【开始】选项卡下的【加粗】按钮 **B**，如下图所示，可将字体设置为"加粗"效果。

第4步 使用同样的方法，选择 A2:K2 单元格区域，设置【字体】为"黑体"，【字号】为"12"，加粗；选择 A3:K15 单元格区域，设置【字体】为"仿宋"，【字号】为"11"，设置完成后效果如下图所示。

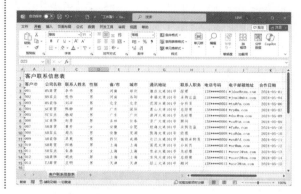

4.6.2 设置对齐方式

在 Excel 中，允许为单元格数据设置的对齐方式有左对齐、右对齐和水平居中等。在本案例中，设置居中对齐，使客户联系信息表更加有序美观。

【开始】选项卡下【对齐方式】组中对齐按钮的分布及名称如下图所示，单击对应按钮可执行相应设置，具体操作步骤如下。

第1步 选择 A1 单元格，分别单击【开始】选项卡下的【垂直居中】按钮和【水平居中】按钮，文本内容将垂直并水平居中对齐，如下图所示。

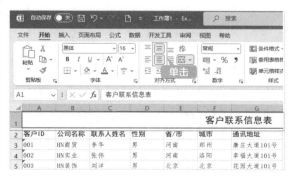

第2步 使用同样的方法，设置其他单元格的对齐方式，效果如下图所示。

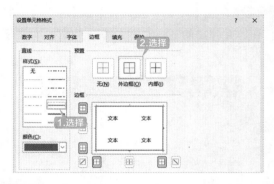

4.6.3 设置边框和背景

在Excel中，单元格四周的灰色网格线默认是不打印出来的。为了使客户联系信息表更加规范、美观，可以为表格设置边框和背景。

第1步 选择A2:K15单元格区域，单击【开始】选项卡下【字体】组中的【边框】下拉按钮田~，在弹出的下拉列表中选择【其他边框】选项，如下图所示。

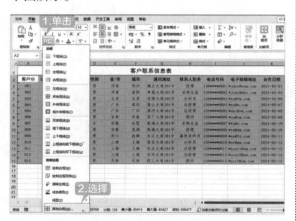

| 提示 |

在【边框】的下拉列表中可以快速应用边框效果。

第2步 弹出【设置单元格格式】对话框，选择【边框】选项卡，在【样式】列表框中选择一种边框样式，然后在【颜色】下拉列表中选择一种颜色，在【预置】区域中单击【外边框】按钮，此时在预览区域中可以看到设置的外边框样式，如下图所示。

第3步 在【样式】列表框中选择另一种边框样式，并设置颜色，然后在【预置】区域中单击【内部】按钮，此时在预览区域中可以看到设置的内部边框样式，单击【确定】按钮，如下图所示。

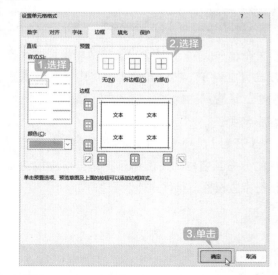

第4步 此时可以看到设置的边框效果，如下图所示。

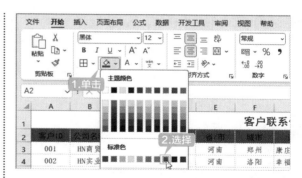

第5步 选择 A2:K2 单元格区域，单击【填充颜色】按钮 ，在弹出的颜色列表中选择一种颜色，如下图所示。

第6步 此时即可为该单元格区域填充背景颜色，并将字体颜色设置为"白色"，效果如下图所示。

4.7 使用样式美化工作表

在 Excel 中，内置了多种单元格样式及表格格式，以满足用户对表格的美化需求。另外，还可以设置条件格式，突出显示重点关注的信息。

4.7.1 重点：设置单元格样式

单元格样式是一组已定义的格式特征，使用 Excel 中的内置单元格样式可以快速改变文本样式、标题样式、背景样式和数字样式等。在客户联系信息表中设置单元格样式的具体操作步骤如下。

第1步 选择要设置单元格样式的区域，这里选择 A3:K15 单元格区域，单击【开始】选项卡下【样式】组中的【单元格样式】下拉按钮，在弹出的下拉列表中选择一种颜色，如下图所示。

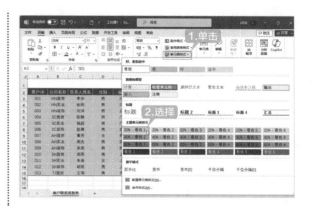

第2步 改变单元格样式，效果如下图所示。

4.7.2 套用表格格式

Excel内置了60种表格格式，可以一键套用，既方便又快捷。套用表格格式的具体操作步骤如下。

第1步 撤销上一步的单元格样式应用操作，选择A2:K15单元格区域，单击【开始】选项卡下【样式】组中的【套用表格格式】按钮，在弹出的下拉列表中选择一种格式，如下图所示。

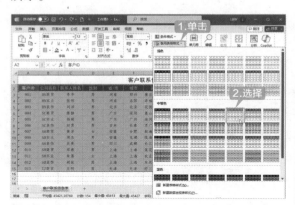

第2步 弹出【创建表】对话框，单击【确定】按钮，如下图所示。

第3步 为表格套用此格式后可以看到标题行的每一个标题右侧多了一个【筛选】按钮，如下图所示。

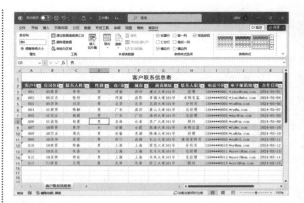

第4步 单击【表设计】选项卡下【工具】组中的【转换为区域】按钮，如下图所示。

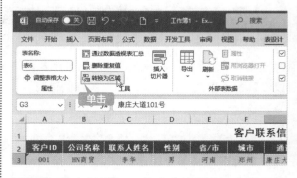

第5步 弹出提示框，单击【是】按钮，如下图所示。

提示

　　套用表格格式后，还会启用一些特定功能，如自动扩展、排序和筛选等，这些功能使得表格中的数据更易于管理和分析。转换为普通区域后，这些特定功能将不再可用，但格式和数据会被保留。普通区域更适用于基础的数据存储和处理，即不需要高级管理功能的场景。

第6步 将其转为普通区域，效果如下图所示。

4.7.3　设置条件格式

　　在 Excel 中，可以使用条件格式，将表格中符合条件的数据突出显示，为单元格区域设置条件格式的具体操作步骤如下。

第1步 选择要设置条件格式的区域，这里选择 H3:H15 单元格区域，单击【开始】选项卡下【样式】组中的【条件格式】按钮，在弹出的下拉列表中选择【突出显示单元格规则】→【文本包含】选项，如下图所示。

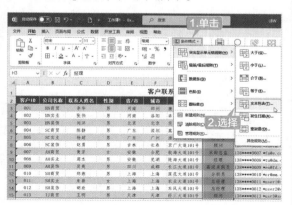

第2步 弹出【文本中包含】对话框，在左侧的文本框中输入"总经理"，在【设置为】下拉列表中选择【浅红填充色深红色文本】选项，单击【确定】按钮，如下图所示。

第3步 设置条件格式后的效果，如下图所示。

　　设置条件格式后，还可以管理和清除设置的条件格式。单击【开始】选项卡下的【条件格式】下拉按钮，在弹出的下拉列表中选择【清除规则】→【清除整个工作表的规则】选项，即可清除为工作表设置的条件格式，如下图所示。

4.8 保存工作簿

Excel工作簿的保存方法与Word文档的保存方法一致，这里简单介绍。

1. 最常用的方法

单击快速访问工具栏中的【保存】按钮🔲，如下图所示，打开【保存此文件】对话框，选择保存位置进行保存即可。如果该文件已保存，单击该按钮将直接保存。

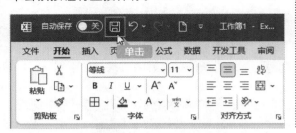

2. 最快捷的方法

对于新建且尚未保存的文件，可按【F12】键打开【另存为】对话框，在对话框中指定文件保存路径和名称，完成文件保存操作。若文件已保存过，则可按【Ctrl+S】组合键直接对文件进行保存，系统将自动按照上次保存的路径和名称进行覆盖或更新。

3. 最基本的方法

单击【文件】选项卡，选择【另存为】选项，打开【另存为】对话框，进行保存即可。

举一反三

制作员工信息表

与客户联系信息表类似的文档还有员工信息表、包装材料采购明细表、成绩表、汇总表等。在制作这类表格时，要做到数据准确、重点突出、分类简洁，使阅读者快速了解表格信息。下面就以制作员工信息表为例进行介绍。

1. 创建空白工作簿

新建空白工作簿，重命名工作表并设置工作表标签的颜色等，如下图所示。

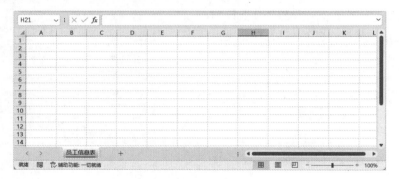

2. 输入数据

输入员工信息，对数据列进行填充，并调整行高与列宽，如下图所示。

	A	B	C	D	E	F	G	H	I	J	K	L
1	员工编号	员工姓名	入职日期	部门	职务	性别	身份证号	最高学历	毕业院校	专业	联系电话	家庭住址
2	YG1001	张××	2016/2/20	行政部	行政部经理	男	11011119871101****	本科	**大学	工商管理	138****0001	金水区花园路121号
3	YG1002	王××	2017/6/7	营销部	经理	男	11022219880629****	本科	**大学	市场营销	138****0002	朝阳区京广路24号
4	YG1003	李××	2017/6/8	财务部	总会计师	女	11033319880506****	本科	**大学	审计学	138****0003	朝阳区京广路140号
5	YG1004	赵××	2023/6/9	财务部	会计主管	男	11044419891125****	本科	**大学	财务管理	138****0004	管城区城东路128号
6	YG1005	周××	2017/9/20	法务部	法律顾问	男	11055519880922****	本科	**大学	法学	138****0005	管城区城东路129号
7	YG1006	钱××	2018/4/11	行政部	总监	女	11066619890203****	本科	**大学	人力资源管理	138****0006	管城区城东路130号
8	YG1007	朱××	2018/4/12	营销部	副经理	男	11077719890805****	硕士	**大学	网络经济学	138****0007	越秀区海波路210号
9	YG1008	金××	2018/4/13	营销部	营销主管	男	11088819901225****	硕士	**大学	市场营销	138****0008	越秀区海波路211号
10	YG1009	胡××	2024/5/15	行政部	行政主管	男	11099919910926****	本科	**大学	工商管理	138****0009	越秀区海波路212号
11	YG1010	马××	2019/6/30	行政部	秘书	女	11022219901222****	本科	**大学	人力资源管理	138****0010	高新区科学大道12号
12	YG1011	孙××	2023/8/1	财务部	出纳	男	11011119901719****	本科	**大学	财务管理	138****0011	经开区经八路124号
13	YG1012	刘××	2020/4/2	法务部	法律顾问	男	11011119941112****	硕士	**大学	知识产权	138****0012	经开区经八路62号
14	YG1013	吴××	2024/4/12	营销部	营销专员	男	11022220000304****	本科	**大学	贸易经济	138****0013	高新区莲花街12号

员工信息表

3. 文本格式化

设置工作簿中文本的字体、字号和对齐方式，如下图所示。

	A	B	C	D	E	F	G	H	I	J	K	L
1	员工编号	员工姓名	入职日期	部门	职务	性别	身份证号	最高学历	毕业院校	专业	联系电话	家庭住址
2	YG1001	张××	2016/2/20	行政部	行政部经理	男	11011119871101****	本科	**大学	工商管理	138****0001	金水区花园路121号
3	YG1002	王××	2017/6/7	营销部	经理	男	11022219880629****	本科	**大学	市场营销	138****0002	朝阳区京广路24号
4	YG1003	李××	2017/6/8	财务部	总会计师	女	11033319880506****	本科	**大学	审计学	138****0003	朝阳区京广路140号
5	YG1004	赵××	2023/6/9	财务部	会计主管	男	11044419891125****	本科	**大学	财务管理	138****0004	管城区城东路128号
6	YG1005	周××	2017/9/20	法务部	法律顾问	男	11055519880922****	本科	**大学	法学	138****0005	管城区城东路129号
7	YG1006	钱××	2018/4/11	行政部	总监	女	11066619890203****	本科	**大学	人力资源管理	138****0006	管城区城东路130号
8	YG1007	朱××	2018/4/12	营销部	副经理	男	11077719890805****	硕士	**大学	网络经济学	138****0007	越秀区海波路210号
9	YG1008	金××	2018/4/13	营销部	营销主管	男	11088819901225****	硕士	**大学	市场营销	138****0008	越秀区海波路211号
10	YG1009	胡××	2024/5/15	行政部	行政主管	男	11099919910926****	本科	**大学	工商管理	138****0009	越秀区海波路212号
11	YG1010	马××	2019/6/30	行政部	秘书	女	11022219901222****	本科	**大学	人力资源管理	138****0010	高新区科学大道12号
12	YG1011	孙××	2023/8/1	财务部	出纳	男	11011119901719****	本科	**大学	财务管理	138****0011	经开区经八路124号
13	YG1012	刘××	2020/4/2	法务部	法律顾问	男	11011119941112****	硕士	**大学	知识产权	138****0012	经开区经八路62号
14	YG1013	吴××	2024/4/12	营销部	营销专员	男	11022220000304****	本科	**大学	贸易经济	138****0013	高新区莲花街12号

员工信息表

4. 设置表格的样式

为表格添加样式，进行美化，并根据需要添加条件格式，如下图所示。

	A	B	C	D	E	F	G	H	I	J	K	L
1	员工编号	员工姓名	入职日期	部门	职务	性别	身份证号	最高学历	毕业院校	专业	联系电话	家庭住址
2	YG1001	张××	2016/2/20	行政部	行政部经理	男	11011119871101****	本科	**大学	工商管理	138****0001	金水区花园路121号
3	YG1002	王××	2017/6/7	营销部	经理	男	11022219880629****	本科	**大学	市场营销	138****0002	朝阳区京广路24号
4	YG1003	李××	2017/6/8	财务部	总会计师	女	11033319880506****	本科	**大学	审计学	138****0003	朝阳区京广路140号
5	YG1004	赵××	2023/6/9	财务部	会计主管	男	11044419891125****	本科	**大学	财务管理	138****0004	管城区城东路128号
6	YG1005	周××	2017/9/20	法务部	法律顾问	男	11055519880922****	本科	**大学	法学	138****0005	管城区城东路129号
7	YG1006	钱××	2018/4/11	行政部	总监	女	11066619890203****	本科	**大学	人力资源管理	138****0006	管城区城东路130号
8	YG1007	朱××	2018/4/12	营销部	副经理	男	11077719890805****	硕士	**大学	网络经济学	138****0007	越秀区海波路210号
9	YG1008	金××	2018/4/13	营销部	营销主管	男	11088819901225****	硕士	**大学	市场营销	138****0008	越秀区海波路211号
10	YG1009	胡××	2024/5/15	行政部	行政主管	男	11099919910926****	本科	**大学	工商管理	138****0009	越秀区海波路212号
11	YG1010	马××	2019/6/30	行政部	秘书	女	11022219901222****	本科	**大学	人力资源管理	138****0010	高新区科学大道12号
12	YG1011	孙××	2023/8/1	财务部	出纳	男	11011119901719****	本科	**大学	财务管理	138****0011	经开区经八路124号
13	YG1012	刘××	2020/4/2	法务部	法律顾问	男	11011119941112****	硕士	**大学	知识产权	138****0012	经开区经八路62号
14	YG1013	吴××	2024/4/12	营销部	营销专员	男	11022220000304****	本科	**大学	贸易经济	138****0013	高新区莲花街12号

员工信息表

◇ AI数据整理：将复杂文本数据高效转换为表格

在处理数据录入任务时，若遇到无序且复杂的文本数据，逐字录入Excel不仅效率低，且易产生错误。为了提高效率和准确性，推荐利用AI技术，将文本内容自动转换为表格格式，随后直接粘贴至Excel中，从而简化操作流程并减少人为错误。

比如下面这段原始的统计数据文本，将其录入Excel难度会很大。

工号为001的张三在2024年1月份的销售金额达到了50000元；工号为002的李四在同样月份的销售金额为45000元；工号为003的王五在2024年2月份的销售金额是60000元；工号为004的赵六在该月份的销售金额为52000元；到了2024年3月，工号为005的孙七销售金额达到了48000元，而工号为006的周八则实现了55000元的销售业绩；进入2024年4月，工号为007的吴九销售金额高达65000元，工号为008的郑十也取得了57000元的销售成绩。

借助AI输出表格文本的方法如下。

第1步 以"文心一言"为例，进入文心一言的页面，将原始数据粘贴至输入框中，并补充指令，单击【发送信息】按钮 ，如下图所示。

第2步 文心一言以表格的形式输出，并建议用

户进行数据核查，如下图所示。

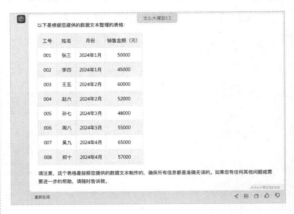

第3步 拖动并选择文心一言生成的表格数据，按【Ctrl+C】键进行复制操作，如下图所示。

第4步 切换至Excel，将数据粘贴至表格中即可，如下图所示。

◇ AI图像解析：将图片中的数据转换为表格

AI不仅可以将文本数据以表格的形式输出，还可以识别和解析图片，将图片中的数据以表格的形式输出，方便用户将数据粘贴至Excel文档中。

第1步 打开文心一言，单击输入框中的【上传图片】按钮，如下图所示。

第2步 在弹出的【打开】对话框中，选择要识别的图片，上传至输入框中后，输入指令并单击【发送信息】按钮 ，如下图所示。

第3步 文心一言会解析图片，并以表格形式输出数据，如下图所示。

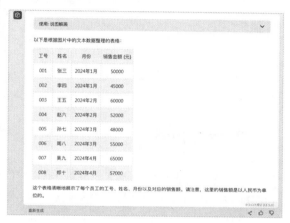

第 5 章

初级数据处理与分析

📄 本章导读

在工作中，经常需要对各种类型的数据进行统计和分析。Excel具有统计各种数据的能力，使用排序功能可以将数据表中的内容按照特定的规则排序；使用筛选功能可以将满足条件的数据单独显示；设置数据的有效性可以防止数据输入错误；使用条件格式功能可以直观地突出显示重要值；使用合并计算和分类汇总功能可以对数据进行分类和汇总。本章以统计公司员工销售报表为例，介绍如何使用Excel对数据进行处理和分析。

🧭 思维导图

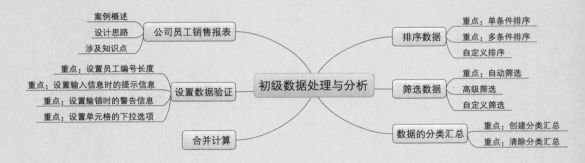

5.1 公司员工销售报表

公司员工销售报表是记录员工销售情况的详细统计清单，其中商品种类多，手动统计不仅费时费力，而且容易出错，使用Excel则可以快速对这类工作表进行分析统计，得出详细而准确的数据。

5.1.1 案例概述

完整的公司员工销售报表主要包括员工编号、员工姓名、销售商品、销售数量等，需要对销售商品及销售数量进行统计和分析。在对数据进行统计分析的过程中，需要用到排序、筛选、分类汇总等操作。熟悉各个类型的操作，对以后处理相似数据时有很大的帮助。

打开"素材\ch05\员工销售报表.xlsx"工作簿。公司员工销售报表工作簿包含3个工作表，分别是上半年销售表、下半年销售表及全年汇总表。这3张工作表主要是对员工的销售情况进行汇总，包括员工编号等员工基本信息

及对应的商品信息和销售情况，如下图所示。

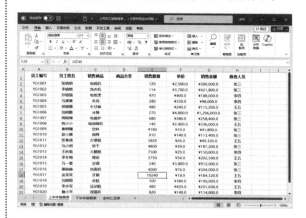

5.1.2 设计思路

对公司员工销售报表的处理和分析可以通过以下思路进行。

（1）设置员工编号和商品类别的数据验证。

（2）通过对销售数量排序，进行分析处理。

（3）使用合并计算操作将两个工作表中的

数据进行合并。

（4）通过筛选的方法对关注员工的销售状况进行分析。

（5）使用分类汇总操作对商品销售情况进行分析。

5.1.3 涉及知识点

本案例主要涉及以下知识点。

（1）设置数据验证。

（2）合并计算。

（3）排序操作。

（4）筛选数据。

（5）数据的分类汇总。

5.2 设置数据验证

员工销售报表对于数据的类型和格式有严格要求，因此，需要在输入数据时对数据的有效性进行验证。

5.2.1 重点：设置员工编号长度

需要在员工销售报表中输入员工编号以便更好地进行统计。编号的长度是固定的，因此需要对输入的数据的长度进行限制，避免输入错误数据，具体操作步骤如下。

第1步 选中"上半年销售表"工作表中的A2：A21单元格区域，单击【数据】选项卡下【数据工具】组中的【数据验证】下拉按钮 数据验证 ，在弹出的下拉列表中选择【数据验证】选项，如下图所示。

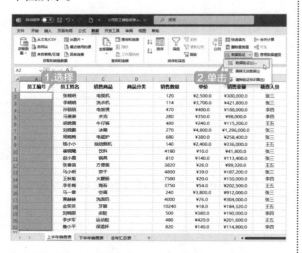

第2步 弹出【数据验证】对话框，选择【设置】选项卡，单击【验证条件】选项区域内的【允许】文本框右侧的下拉按钮，在弹出的下拉列表中选择【文本长度】选项，如下图所示。

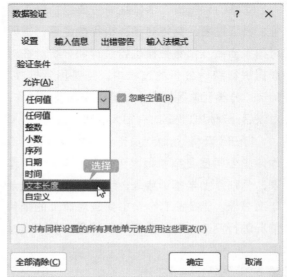

|提示|:::::::::

在Excel的【数据验证】对话框中，【允许】的下拉列表中有多个选项，这些选项的作用是限制和规定单元格的输入内容，确保数据的有效性和合法性。以下是各选项的主要作用。

● 任何值：此选项不设置任何限制，允许用户输入任何类型的数据。

● 整数：此选项允许用户仅输入整数。此外，还可以设置整数的最小值、最大值等条件，以满足特定的数据输入需求。

● 小数：此选项允许用户输入小数，并可以设置小数的最小值、最大值及小数位数等条件。

● 序列：此选项用于定义下拉菜单，允许用户从预设的列表中选择数据。这在需要快速输入固定选项的数据时非常有用。

● 日期：此选项允许用户仅输入日期格式的数据，并可以设置日期的范围，以确保日期数据的有效性。

● 时间：此选项允许用户仅输入时间格式的数据。

● 文本长度：此选项用于对输入的文本长度进行限制，确保用户输入的数据长度符合预设要求。

● 自定义：此选项提供了更高级别的验证方式，允许用户根据特定的公式或条件来定义数据的验证规则。

第3步 数据文本框变为可编辑状态，在【数据】文本框的下拉列表中选择【等于】选项，在【长度】文本框内输入"6"，选中【忽略空值】复选框，单击【确定】按钮，如下图所示。

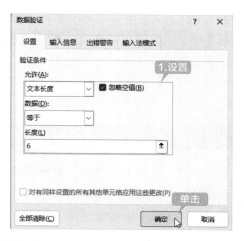

第4步 完成设置输入数据长度的操作后，当输入的文本长度不是6时，会弹出提示窗口，可单击【重试】或【取消】按钮，重新输入正常的数据长度，如下图所示。

5.2.2 重点：设置输入信息时的提示信息

完成对单元格输入数据的长度限制设置后，可以设置输入信息时的提示信息，具体操作步骤如下。

第1步 选中A2:A21单元格区域，单击【数据】选项卡下【数据工具】组中的【数据验证】下拉按钮，在弹出的下拉列表中选择【数据验证】选项，如下图所示。

第2步 弹出【数据验证】对话框，选择【输入信息】选项卡，选中【选定单元格时显示输入信息】复选框，在【标题】文本框内输入"输入员工编号"，在【输入信息】文本框内输入"请输入6位员工编号"，单击【确定】按钮，如下图所示。

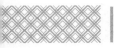

第3步 返回Excel工作表，选中设置了提示信息的单元格时，即会显示提示信息，效果如下图所示。

5.2.3 重点：设置输错时的警告信息

当用户输入数据时，可以设置出错警告信息提示用户，具体操作步骤如下。

第1步 选中A2:A21单元格区域，打开【数据验证】对话框，选择【出错警告】选项卡，选中【输入无效数据时显示出错警告】复选框，在【样式】下拉列表中选择【停止】选项，在【标题】文本框内输入文字"输入错误"，在【错误信息】文本框内输入文字"员工编号长度为6位"，单击【确定】按钮，如下图所示。

第2步 例如，在A2单元格内输入"2"，按【Enter】键，则会弹出设置的警示信息，单击【重试】按钮，即可重新输入，如下图所示。

> **| 提示 |**
>
> 【输入信息】和【出错警告】功能都可以为用户提供反馈。例如，如果需要在用户输入数据前提供明确的指导，可以使用【输入信息】功能；如果需要在用户输入错误数据时提供即时的反馈和修正建议，可以使用【出错警告】功能。

第3步 在A2单元格内输入"YG1001"，按【Enter】键确定，即可完成输入，如下图所示。

第4步 使用快速填充功能填充A3:A21单元格区域，效果如下图所示。

5.2.4 重点：设置单元格的下拉选项

在单元格内需要输入特定的字符时，如商品分类，可以将其设置为下拉选项以方便输入，具体操作步骤如下。

第1步 选中 D2:D21 单元格区域，单击【数据】选项卡下【数据工具】组中的【数据验证】下拉按钮 ，在弹出的下拉列表中选择【数据验证】选项，如下图所示。

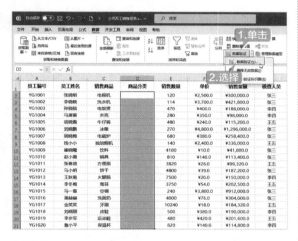

第2步 弹出【数据验证】对话框，选择【设置】选项卡，单击【验证条件】选项区域中的【允许】文本框右侧的下拉按钮，在弹出的下拉列表中选择【序列】选项，如下图所示。

第3步 在【来源】文本框内输入"家电,厨房用品,服饰,零食,洗化用品"，并用英文输入法状态下的","隔开，同时选中【忽略空值】和【提供下拉箭头】复选框，如下图所示。

第4步 选择【输入信息】选项卡，设置【标题】和【输入信息】，单击【确定】按钮，如下图所示。

第5步 在"商品分类"列的单元格后会显示下拉按钮 ，单击该按钮，即可在下拉列表中选择商品类别，效果如下图所示。

第6步 使用同样的方法在D3:D21单元格区域

中输入商品分类,如下图所示。

5.3 合并计算

合并计算可以将多个工作表中的数据合并在一个工作表中,以便对数据进行更新和汇总。在公司员工销售报表中,上半年销售表和下半年销售表的内容可以汇总在一个工作表中,具体操作步骤如下。

第1步 选择"上半年销售表"工作表中的E1:E21单元格区域,单击【公式】选项卡下【定义的名称】组中的【定义名称】下拉按钮,如下图所示。

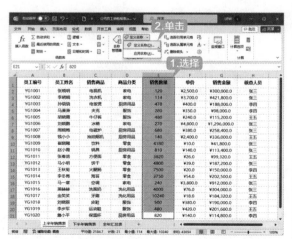

第2步 弹出【新建名称】对话框,在【名称】文本框内输入"上半年销售数量"文本,在【引用位置】文本框中选择"上半年销售表"工作表中

的E1:E21单元格区域,单击【确定】按钮,如下图所示。

第3步 使用同样的方法选择"下半年销售表"工作表中的E1:E21单元格区域,打开【新建名称】对话框,将【名称】设置为"下半年销售数量",在【引用位置】文本框中选择"下半年销售表"工作表中的E1:E21单元格区域,单击【确定】按钮,如下图所示。

第4步 在"全年汇总表"工作表中选中E1单元

格，单击【数据】选项卡下【数据工具】组中的【合并计算】按钮，如下图所示。

> **第5步** 弹出【合并计算】对话框，在【函数】下拉列表中选择【求和】选项，在【引用位置】文本框内输入"上半年销售数量"，单击【添加】按钮，如下图所示。

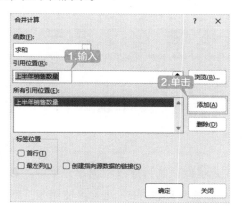

> **第6步** 将其添加至【所有引用位置】列表中。使用同样的方法，添加"下半年销售数量"，并选中【首行】复选框，单击【确定】按钮，如下

图所示。

> **第7步** 将"上半年销售数量"和"下半年销售数量"合并在"全年汇总表"工作表内，效果如下图所示。

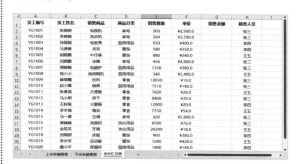

> **第8步** 使用同样的方法合并"上半年销售表"和"下半年销售表"工作表中的"销售金额"，效果如下图所示，完成后保存即可。

	A	B	C	D	E	F	G	H	I
1	员工编号	员工姓名	销售商品	商品分类	销售数量	单价	销售金额	核查人员	
2	YG1001	张晓明	电视机	家电	300	¥2,500.0	¥750,000.0	张三	
3	YG1002	李晓晓	洗衣机	家电	264	¥3,700.0	¥976,800.0	张三	
4	YG1003	孙骁骁	电饭煲	厨房用品	930	¥400.0	¥372,000.0	李四	
5	YG1004	马萧萧	夹克	服饰	580	¥350.0	¥203,000.0	李四	
6	YG1005	胡晓霞	牛仔裤	服饰	880	¥240.0	¥211,200.0	王五	
7	YG1006	刘晓鹏	冰箱	家电	456	¥4,800.0	¥2,188,800.0	张三	
8	YG1007	周晓梅	电磁炉	厨房用品	1330	¥380.0	¥505,400.0	张三	
9	YG1008	钱小小	抽油烟机	厨房用品	340	¥2,400.0	¥816,000.0	王五	
10	YG1009	崔晓曦	饮料	零食	10930	¥10.0	¥109,300.0	张三	
11	YG1010	赵小霞	锅具	厨房用品	1510	¥140.0	¥211,400.0	张三	
12	YG1011	张春鸽	方便面	零食	7820	¥26.0	¥203,320.0	张三	
13	YG1012	马小明	饼干	零食	9400	¥39.0	¥366,600.0	李四	
14	YG1013	王秋菊	火腿肠	零食	12900	¥20.0	¥258,000.0	李四	
15	YG1014	李冬梅	海苔	零食	7550	¥54.0	¥407,700.0	王五	
16	YG1015	马一章	空调	家电	420	¥3,800.0	¥1,596,000.0	张三	
17	YG1016	萧赫赫	洗面奶	洗化用品	8500	¥76.0	¥646,000.0	张三	
18	YG1017	金笑笑	牙刷	洗化用品	20299	¥18.0	¥365,382.0	王五	
19	YG1018	刘晓丽	皮鞋	服饰	900	¥380.0	¥342,000.0	李四	
20	YG1019	李步军	运动鞋	服饰	1080	¥420.0	¥453,600.0	王五	
21	YG1020	詹小平	保温杯	厨房用品	1800	¥140.0	¥252,000.0	李四	

上半年销售表　下半年销售表　全年汇总表　+

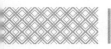
5.4 排序数据

本节介绍如何对公司员工销售报表中的数据进行排序，以便更好地进行分析和处理。

5.4.1 重点：单条件排序

在Excel中，可以根据某个条件对数据进行排序，如在公司员工销售报表中对销售数量进行排序，具体操作步骤如下。

第1步 在"全年汇总表"工作表中，选中E列数据区域中的任意单元格，单击【数据】选项卡下【排序和筛选】组中的【降序】按钮，如下图所示。

第2步 将数据以"销售数量"为依据进行从大到小的排序，效果如下图所示。

| 提示 |

如果单击【升序】按钮，则按从小到大进行排序。

Excel默认的排序是根据单元格中的数据进行的。在按升序排序时，Excel使用如下顺序。

（1）数值从最小的负数到最大的正数排序。

（2）文本按A～Z顺序排序。

（3）逻辑值False在前，True在后。

（4）空格排在最后。

5.4.2 重点：多条件排序

如果需要先按照商品分类排序，再对同一商品分类按照销售金额进行排序，可以使用多条件排序，具体操作步骤如下。

第1步 在"全年汇总表"工作表中，选中数据区域的任意单元格，单击【数据】选项卡下【排序和筛选】组中的【排序】按钮，如下图所示。

第2步 弹出【排序】对话框，设置【主要关键字】为"商品分类"，【排序依据】为"单元格值"，【次序】为"升序"，然后单击【添加条件】按钮，如下图所示。

第3步 设置【次要关键字】为"销售金额"，【排序依据】为"单元格值"，【次序】为"降序"，单击【确定】按钮，如下图所示。

第4步 对工作表进行排序，效果如下图所示。

| 提示 |

在对工作表进行排序后，可以按【Ctrl+Z】组合键撤销排序的效果，或选中"员工编号"列中的任意一个单元格，单击【数据】选项卡下【排序和筛选】组中的【升序】按钮，即可恢复排序前的效果。

在多条件排序中，数据区域按主要关键字排列，主要关键字相同的按次要关键字排列，如果次要关键字也相同则按第三关键字排列。

5.4.3 自定义排序

如果需要按某一序列排列公司员工销售报表，例如，将商品分类自定义为排序序列，具体操作步骤如下。

第1步 在"全年汇总表"工作表中，选中数据区域的任意单元格，单击【数据】选项卡下【排序和筛选】组中的【排序】按钮，打开【排序】对话框，设置【主要关键字】为"商品分类"，在【次序】下拉列表中选择【自定义序列】选项，如下图所示。

第2步 弹出【自定义序列】对话框，在【输入序列】文本框内依次输入家电、服饰、零食、洗化用品、厨房用品，单击【确定】按钮，如下图所示。

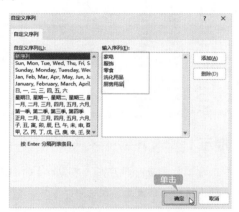

第3步 返回【排序】对话框，即可看到自定义的次序，单击【确定】按钮，如下图所示。

第4步 将数据按照自定义的序列进行排序，效果如下图所示。

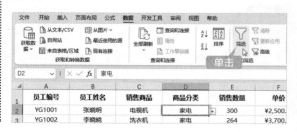

5.5 筛选数据

在对公司员工销售报表的数据进行处理时，如果需要查看一些特定的数据，可以使用数据筛选功能筛选出需要的数据。

5.5.1 重点：自动筛选

通过自动筛选功能，可以筛选出符合条件的数据。自动筛选包括单条件筛选和多条件筛选。

1. 单条件筛选

单条件筛选就是将符合一种条件的数据筛选出来，例如，筛选出公司员工销售报表中商品分类为"家电"的商品，具体操作步骤如下。

第1步 在"全年汇总表"工作表中，选中数据区域中的任意单元格。单击【数据】选项卡下【排序和筛选】组中的【筛选】按钮，如下图所示。

第2步 工作表自动进入筛选状态，每列的标题右侧会出现一个下拉按钮▼，如下图所示。

第3步 单击D1单元格的下拉按钮，在弹出的下拉列表中先取消选中【全选】复选框，再选中【家电】复选框，单击【确定】按钮，如下图所示。

第4步 将商品分类为"家电"的商品筛选出来，效果如下图所示。

5.5.2 高级筛选

如果要将公司员工销售报表中"王五"审核的商品单独筛选出来，可以使用高级筛选功能设置多个复杂筛选条件来实现，具体操作步骤如下。

第1步 在F24和F25单元格内分别输入"核查人员"和"王五"，在G24单元格内输入"销售

2. 多条件筛选

多条件筛选就是将符合多个条件的数据筛选出来。例如，将公司员工销售报表中"崔晓曦""金笑笑""李晓晓"的销售情况筛选出来，具体操作步骤如下。

第1步 按【Ctrl+Z】撤销上一小节的筛选，单击B2单元格的下拉按钮▼，在弹出的下拉列表中选中【崔晓曦】【金笑笑】【李晓晓】复选框，单击【确定】按钮，如下图所示。

第2步 将"崔晓曦""金笑笑""李晓晓"的销售情况筛选出来，效果如下图所示。

商品"，如下图所示。

第2步 选中数据区域中的任意单元格，单击

【数据】选项卡下【排序和筛选】组中的【高级】按钮，如下图所示。

第3步 弹出【高级筛选】对话框，在【方式】选项区域内选中【将筛选结果复制到其他位置】单选按钮，在【列表区域】文本框内输入"$A$1:$H$21"，单击【条件区域】右侧的按钮，如下图所示。

第4步 选择F24:F25单元格区域，单击按钮，如下图所示。

第5步 返回【高级筛选】对话框，使用同样的方法选择【复制到】的单元格，这里选择G25单元格，单击【确定】按钮，如下图所示。

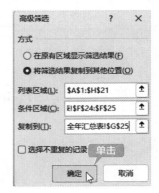

第6步 将公司员工销售报表中王五审核的商品单独筛选出来并复制在指定区域，效果如下图所示。

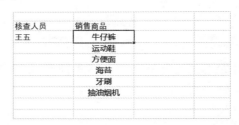

| 提示 |

　　输入的筛选条件文字需要和数据表中的文字保持一致。

5.5.3　自定义筛选

　　除了自动筛选和高级筛选，Excel还提供了自定义筛选，帮助用户快速筛选出满足要求的数据。自定义筛选的具体操作步骤如下。

第1步 选择数据区域的任意单元格，单击【数据】选项卡下【排序和筛选】组中的【筛选】按钮，如下图所示。

第2步 进入筛选模式，单击【单价】下拉按钮▾，在弹出的下拉列表中选择【数字筛选】→【介于】选项，如下图所示。

第3步 弹出【自定义自动筛选】对话框，在

【显示行】选项区域中第1个文本框的下拉列表中选择【大于或等于】选项，右侧数值设置为"100"；选中【与】单选按钮；在第2个文本框的下拉列表中选择【小于或等于】选项，数值设置为"500"，单击【确定】按钮，如下图所示。

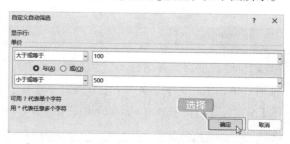

第4步 将单价介于100~500的数据筛选出来，效果如下图所示。

| 提示 |

单击【数据】选项卡下【排序和筛选】组中的【筛选】按钮▽，即可取消筛选结果，退出筛选状态。

5.6 数据的分类汇总

在公司员工销售报表中需要对不同分类的商品进行分类汇总，使工作表更加有条理。

5.6.1 重点：创建分类汇总

将公司员工销售报表以"商品分类"为类别对"销售金额"进行分类汇总，具体操作步骤如下。

第1步 撤销上一节的筛选，选中"商品分类"列中的任意单元格。单击【数据】选项卡下【排序和筛选】组中的【升序】按钮↓，如下图所示。

第2步 将数据以"商品分类"为依据进行升序排列。单击【数据】选项卡下【分级显示】组中的【分类汇总】按钮，如下图所示。

第3步 弹出【分类汇总】对话框，设置【分类字段】为"商品分类"，【汇总方式】为"求和"，在【选定汇总项】列表框中选中【销售金额】复选框，单击【确定】按钮，如下图所示。

第4步 将工作表以"商品分类"为类别对"销售金额"进行分类汇总，结果如下图所示。

| 提示 |

在进行分类汇总之前，需要对分类字段进行排序，使其符合分类汇总的条件，这样才能达到最佳的效果。

第5步 单击工作表左侧的分级按钮，可分级显示数据。若单击 1 按钮，则显示一级数据，即汇总项的总和；若单击 2 按钮，则显示二级数据，即总计和商品分类汇总；若单击 3 按钮，则显示所有的汇总信息。下图所示为二级数据。

		A	B	C	D	E	F	G
		员工编号	员工姓名	销售商品	商品分类	销售数量	单价	销售金额
	11				厨房用品 汇总			¥2,156,800.0
	16				服饰 汇总			¥1,209,800.0
	21				家电 汇总			¥5,511,600.0
	26				零食 汇总			¥1,344,920.0
	27				洗化用品 汇总			¥1,011,382.0
	28				总计			¥11,234,502.0
	29							

5.6.2 重点：清除分类汇总

如果不再需要对数据进行分类汇总，可以选择清除分类汇总，具体操作步骤如下。

第1步 接5.6.1小节操作，选中数据区域中的任意单元格，单击【数据】选项卡下【分级显示】组中的【分类汇总】按钮，在弹出的【分类汇总】对话框中单击【全部删除】按钮，如下图所示。

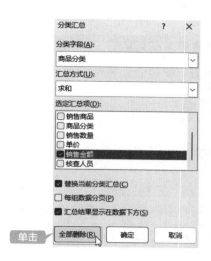

第2步 即可将分类汇总全部删除，然后再按照"员工编号"对数据进行"升序"排列，效果如下图所示。

员工编号	员工姓名	销售商品	商品分类	销售数量	单价	销售金额	核查人员
YG1001	张鹏明	电视机	家电	300	¥2,500.0	¥750,000.0	张三
YG1002	李晓薇	洗衣机	家电	264	¥3,700.0	¥976,800.0	张三
YG1003	孙驹驹	电饭煲	厨房电器	930	¥400.0	¥372,000.0	李四
YG1004	马丽蓉	夹克	服饰	580	¥350.0	¥203,000.0	李四
YG1005	胡晓晨	牛仔裤	服饰	880	¥240.0	¥211,200.0	李四
YG1006	刘翁婚	冰箱	家电	456	¥4,800.0	¥2,188,800.0	张三
YG1007	周莉莉	电磁炉	厨房电器	1330	¥380.0	¥505,400.0	王五
YG1008	周晓晶	抽油烟机	厨房电器	340	¥2,400.0	¥816,000.0	王五
YG1009	禅陶晴	饮料	零食	10930	¥10.0	¥109,300.0	张三
YG1010	赵小霞	锅具	厨房电器	1510	¥140.0	¥211,400.0	李四
YG1011	张春鸽	方便面	零食	7820	¥26.0	¥203,320.0	王五
YG1012	马小明	饼干	零食	9400	¥39.0	¥366,600.0	李四
YG1013	王秋智	火腿肠	零食	12900	¥20.0	¥258,000.0	李四
YG1014	李冬梅	海苔	零食	7550	¥54.0	¥407,700.0	张三
YG1015	马一章	空调	家电	420	¥3,800.0	¥1,596,000.0	张三
YG1016	潇赫赫	洗面奶	洗化用品	8500	¥76.0	¥646,000.0	王五
YG1017	金笑笑	牙刷	洗化用品	20299	¥18.0	¥365,382.0	王五
YG1018	刘晓晶	皮鞋	服饰	900	¥380.0	¥342,000.0	王五
YG1019	李步军	运动鞋	服饰	1080	¥420.0	¥453,600.0	王五
YG1020	詹小平	保温杯	厨房电器	1800	¥140.0	¥252,000.0	李四

上半年销售表　下半年销售表　全年汇总表

分析与汇总超市库存明细表

　　超市库存明细表是超市进出物品的详细统计清单，记录着一段时间内物品的消耗和剩余状况，对下一阶段相应商品的采购和使用计划有很重要的参考作用。对超市库存明细表进行分类汇总的思路如下。

第1步 设置数据验证。设置物品编号和物品类别的数据验证，并完成编号和类别的输入，效果如下图所示。

第2步 对"销售区域""物品类别"及"本月结余"进行升序排列，完成设置后的效果如下图所示。

第3步 筛选数据。筛选出审核人"王五"审核的物品信息，完成筛选后的效果如下图所示。

第4步 对数据进行分类汇总。撤销筛选，按"销售区域"对"本月结余"进行分类汇总，完成分类汇总后的效果如下图所示。

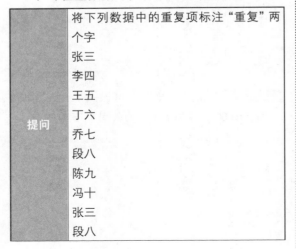

◇ 使用 AI 将重复项目进行标注与归类

Excel 具有删除重复项的功能，但在某些情况下，直接删除重复项可能会导致数据丢失或混淆。遇到这种情况，我们可以借助 AI 来处理。AI 可以将重复数据高亮显示或单独归类，以方便用户进一步处理重复数据。

（1）检查数据时，将重复项单独标注出来。

提问	将下列数据中的重复项标注"重复"两个字 张三 李四 王五 丁六 乔七 段八 陈九 冯十 张三 段八

续表

回答	张三（重复） 李四 王五 丁六 乔七 段八（重复） 陈九 冯十

（2）将重复项归类，单独挑选出来。

提问	单独挑选出下面数据中的重复项 张三 李四 王五 丁六 乔七 段八 陈九 冯十 张三 段八
回答	重复项为： 张三 段八

（3）如有重复项，仅保留第一个，将其他重复项删除。

提问	删除下面数据中的重复项，如重复，仅保留第一个 张三 李四 王五 丁六 乔七 段八 陈九 冯十 张三 段八

续表

回答	根据提供的数据，重复出现的项是"张三"和"段八"。删除重复项后的数据为： 张三 李四 王五 丁六 乔七 段八 陈九 冯十

◇ 基于AI的数据异常检测

在进行数据分析之前，我们可以借助AI对数据进行识别。AI能够有效地处理异常值和缺失数据，提高数据质量，确保对比分析的准确性和可靠性。这对于制定基于数据的决策和规划至关重要。

下图是一张数据销售表，我们可以使用AI识别其中的异常值。

	A	B	C	D	E
1	员工编号	员工姓名	销售商品	销售数量	销售金额（元）
2	1001	张三	钢笔	30	300
3	1002	李四	笔记本	10	800
4	1003	王五	钢笔	35	315
5	1004	赵六	笔记本	5	500
6	1005	孙七	钢笔	40	1200
7	1006	周八	笔记本	2	1500
8	1007	吴九	钢笔	30	3000
9	1008	郑十	笔记本	10	80
10	1009	钱多多	钢笔	25	250
11	1010	孔明明	笔记本	15	1500

第1步 将数据复制到AI的输入框中，然后写明指令要求，如下图所示。

> **｜提示｜**
>
> 如果数据量较大，可以转成AI能识别的文件格式，然后再进行上传和分析。

第2步 AI识别数据中的异常值，如下图所示。

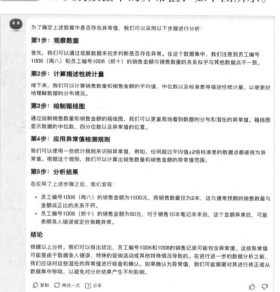

第6章

中级数据处理与分析——图表

本章导读

在Excel中使用图表不仅能使数据的统计结果更直观、更形象，还能够清晰地反映数据的变化规律和发展趋势。使用图表可以制作产品统计分析表、预算分析表、工资分析表、成绩分析表等。本章以制作商品销售统计分析图表为例，介绍创建图表、图表的设置和调整、添加图表元素及创建迷你图等操作。

思维导图

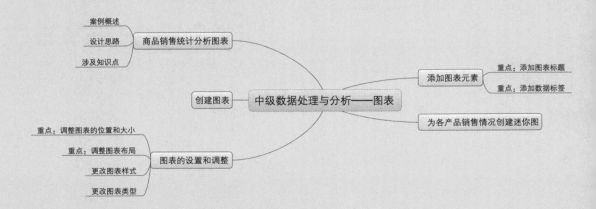

6.1 商品销售统计分析图表

制作商品销售统计分析图表时，表格内的数据类型格式要一致，选取的图表类型要能恰当地反映数据的变化趋势。

6.1.1 案例概述

数据分析是指用适当的统计分析方法对收集来的大量数据进行分析，提取有用的信息并形成结论。Excel作为常用的数据分析工具，可以实现基本的数据分析工作。在Excel中使用图表不仅可以清楚地反映数据的变化关系，还可以分析数据的规律，对数据的趋势进行预测。

制作商品销售统计分析图表时需要注意以下几点。

1. 表格的设计要合理

（1）要有明确的图表名称，快速向阅读者传达图表的信息。

（2）表头的设计要合理，能够指明每一项数据要反映的销售信息。

（3）图表中的数据格式、单位要统一，这样才能正确地反映销售统计表中的数据。

2. 选择合适的图表类型

（1）制作图表时要选择正确的数据源，通常，图表的标题不可以作为数据源，而表头通常要作为数据源的一部分。

（2）Excel提供了柱形图、折线图、饼图、条形图、面积图、XY散点图、地图、股价图、曲面图、雷达图、树状图、旭日图、直方图、箱形图、瀑布图、漏斗图等图表类型。每一类图表所反映的数据主题不同，用户可以根据要表达的主题选择合适的图表。

（3）可以添加合适的图表元素，如图表标题、数据标签、数据表、图例等，通过这些元素可以更直观地反映图表信息。

6.1.2 设计思路

制作商品销售统计分析图表时可以按以下思路进行。

（1）设计要用于图表分析的数据表格。

（2）为表格选择合适的图表类型并创建图表。

（3）设置并调整图表的位置、大小、布局、样式及美化图表。

（4）添加并设置图表标题、数据标签、数据表、网格线及图例等图表元素。

（5）为各种产品的销售情况创建迷你图。

6.1.3 涉及知识点

本案例主要涉及以下知识点。

（1）创建图表。

（2）图表的设置和调整。

（3）添加图表元素。

（4）为各产品销售情况创建迷你图。

6.2 创建图表

Excel提供了多种图表类型，用户可以根据需求选择合适的图表类型，然后创建嵌入式图表或工作表图表来表达数据信息。

创建图表时，不仅可以使用系统推荐的图表，还可以根据实际需要选择并创建合适的图表，下面介绍在商品销售统计分析图表中创建图表的方法。

最简单的方法：系统推荐图表

在Excel中不知道如何选择图表类型时，可以通过系统推荐的图表来创建图表，具体操作步骤如下。

第1步 打开"素材\ch06\商品销售统计分析图表.xlsx"工作簿，选择数据区域内的任意一个单元格，单击【插入】选项卡下【图表】组中的【推荐的图表】按钮，如下图所示。

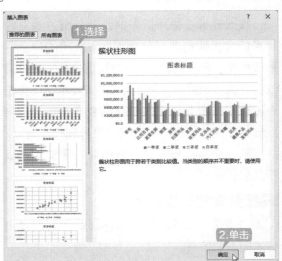

> **提示**
>
> 如果要为特定部分的数据创建图表，只需选择那部分需要被图表化的数据。

第2步 弹出【插入图表】对话框，选择【推荐的图表】选项卡，在左侧的列表中就可以看到系统推荐的图表类型。这里选择"簇状柱形图"图表，单击【确定】按钮，如下图所示。

> **提示**
>
> 可以单击【所有图表】选项卡，选择更多图表类型。

第3步 此时完成了使用系统推荐的图表来创建图表的操作，如下图所示。

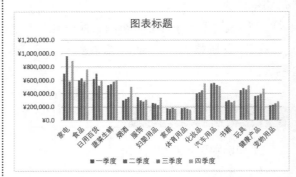

提示

如果要删除创建的图表，只需要选中创建的图表，按【Delete】键即可。

最常用的方法：快捷图表工具

快捷图表工具是 Excel 的一项功能，它提供了一种快速创建图表的方式。

第1步 选择数据区域内的任意一个单元格，单击【插入】选项卡下【图表】组中的【插入折线图或面积图】按钮 ，在弹出的下拉列表中选择【二维折线图】选项区域中的【折线图】选项，如下图所示。

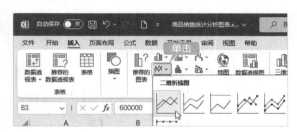

第2步 即可在该工作表中插入一个折线图，效果如下图所示。

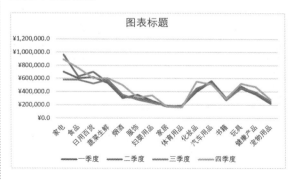

最快捷的方法：快捷键

用户可以通过按【Alt+F1】组合键快速创建嵌入式图表，这种图表将直接嵌入到当前工作表中，与数据或其他嵌入式图表紧密相连。而按【F11】键则会新建一个包含单独图表的工作表，即工作表图表。

6.3 图表的设置和调整

在商品销售统计分析表中创建图表后，既可以根据需要调整图表的位置和大小，又可以更改图表的样式及类型。

6.3.1 重点：调整图表的位置和大小

创建图表后，如果对图表的位置和大小不满意，可以根据需要进行调整。

1. 调整图表的位置

第1步 选择创建的图表，将光标放置在图表上，当光标变为 形状时，按住鼠标左键拖曳，如下图所示。

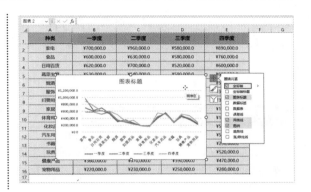

第2步 拖至合适位置释放鼠标左键，即可完成调整图表位置的操作，如下图所示。

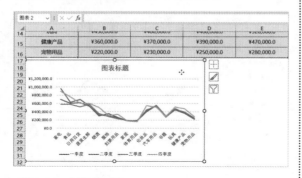

2. 调整图表的大小

调整图表大小有两种方法，第一种方法是拖曳鼠标调整，第二种方法是精确调整。

最常用的方法：拖曳法

第1步 选择要插入的图表，将光标放置在图表四周的控制点上，这里将光标放置在右下角的控制点上，当光标变为 ⤡ 形状时，按住鼠标左键并拖曳，如下图所示。

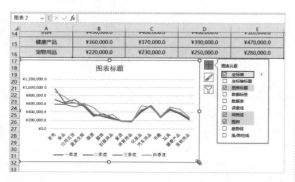

第2步 拖至合适大小后释放鼠标左键，即可完成调整图表大小的操作，如下图所示。

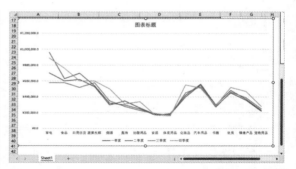

> **提示**
>
> 将光标放置在4个角的控制点上可以同时调整图表的宽度和高度，将光标放置在左、右边的控制点上可以调整图表的宽度，将光标放置在上、下边的控制点上可以调整图表的高度。

最基本的方法：精确调整

如果要精确地调整图表的大小，可以选择插入的图表，在【格式】选项卡下【大小】组中单击【形状高度】和【形状宽度】微调框后的微调按钮，或者直接输入图表的高度和宽度值，按【Enter】键确认即可，如下图所示。

> **提示**
>
> 单击【格式】选项卡下【大小】组中的【大小和属性】按钮 ⑤，在打开的【设置图表区格式】任务窗格中，选中【大小与属性】选项卡下的【锁定纵横比】复选框，可等比放大或缩小图表。

6.3.2 重点：调整图表布局

创建图表后，可以根据需要调整图表的布局，具体操作步骤如下。

第1步 选择创建的图表，单击【图表设计】选项卡下【图表布局】组中的【快速布局】下拉按钮，在弹出的下拉列表中选择【布局12】选项，如下图所示。

第2步 即可看到调整图表布局后的效果，如下图所示。

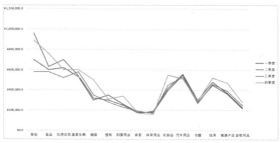

6.3.3 更改图表样式

更改图表样式的具体操作步骤如下。

第1步 选择图表，单击【图表设计】选项卡下【图表样式】组中的【更改颜色】下拉按钮，在弹出的下拉列表中选择【彩色】选项区域中的【彩色调色板3】选项，如下图所示。

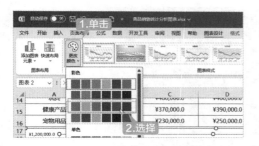

第2步 更改图表颜色后的效果，如下图所示。

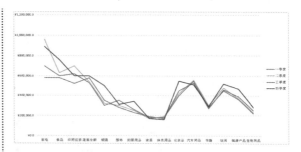

第3步 选择图表，单击【图表设计】选项卡下【图表样式】组中的▽按钮，在弹出的下拉列表中选择【样式6】选项。如下图所示。

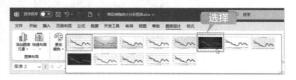

第4步 更改图表的样式后的效果，如下图所示。

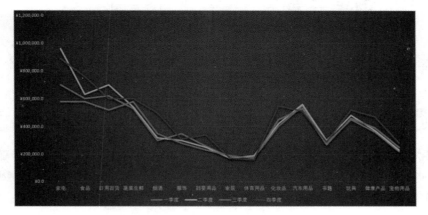

6.3.4 更改图表类型

创建图表后，如果选择的图表类型效果不佳，还可以更改图表类型，具体操作步骤如下。

第1步 选择图表，单击【图表设计】选项卡下【类型】组中的【更改图表类型】按钮，如下图所示。

第2步 选择要更改的图表类型，这里在【推荐的图表】中选择【柱形图】选项，然后，选择【簇状柱形图】类型，单击【确定】按钮，如下图所示。

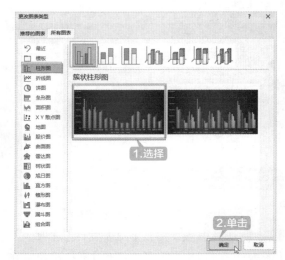

第3步 看到将折线图更改为簇状柱形图后的效果，如下图所示。

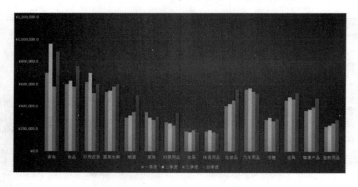

6.4 添加图表元素

创建图表后，可以在图表中添加坐标轴、轴标题、图表标题、数据标签、数据表、网格线和图例等元素。

6.4.1 重点：添加图表标题

在图表中添加图表标题可以直观地反映图表的内容。添加图表标题的具体操作步骤如下。

第1步 选择美化后的图表，单击【图表设计】选项卡下【图表布局】组中的【添加图表元素】下拉按钮，在弹出的下拉列表中选择【图表标题】→【图表上方】选项，如下图所示。

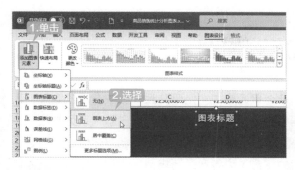

第2步 输入"商品销售统计分析图表"文本，即完成了图表标题的添加，如下图所示。

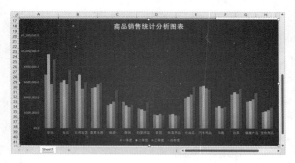

第3步 选择已添加的图表标题，单击【格式】选项卡下【艺术字样式】组中的【其他】按钮，在弹出的下拉列表中选择一种艺术字样式，如下图所示。

另外，还可以根据需求设置标题的字体大小及文本效果等。

6.4.2 重点：添加数据标签

添加数据标签可以直接显示柱形条对应的数值，具体操作步骤如下。

第1步 选择图表中的"二季度"系列，单击【图表设计】选项卡下【图表布局】组中的【添加图表元素】按钮，在弹出的下拉列表中选择【数据标签】→【数据标签外】选项，如下图所示。

第2步 在图表中添加数据标签，如下图所示。

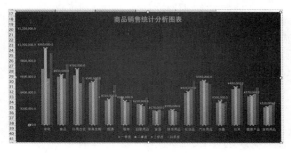

除了上面介绍的添加标题、标签，还可以参照上述方法添加其他图表元素，如坐标轴、数据表、图例等。

6.5 为各产品销售情况创建迷你图

迷你图是一种小型图表，可以放在工作表内的单个单元格中。由于其尺寸已被高度压缩过，因此，迷你图能够以简明且直观的方式显示大量数据集的情况。使用迷你图可以显示一系列数值的趋势，如季节性增长或降低、经济周期的起伏或高亮显示最大值和最小值。若要创建迷你图，则必须先选择要分析的数据区域，然后选择要放置迷你图的位置。为各产品销售情况创建迷你图的具体操作步骤如下。

第1步 在F1单元格中输入表头，然后选择F2单元格，单击【插入】选项卡下【迷你图】组中的【折线】按钮，如下图所示。

第2步 弹出【创建迷你图】对话框，单击【选择所需的数据】下的【数据范围】文本框右侧的按钮，如下图所示。

第3步 选择B2:E2单元格区域，单击按钮，如下图所示。

第4步 返回【创建迷你图】对话框，单击【确

定】按钮，如下图所示。

第5步 完成"家电"各季度销售情况迷你图的创建，效果如下图所示。

第6步 将光标放在G2单元格右下角的填充柄上，按住鼠标左键，向下填充至F16单元格，即可完成所有产品各季度销售迷你图的创建，如下图所示。

第7步 选择F2:F16单元格区域，在【迷你图】选项卡中，可以根据需要设置迷你图的样式。单击【样式】组中的回按钮，在弹出的列表中选择需要的样式，如下图所示。

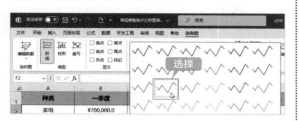

第8步 在【迷你图】选项卡下的【显示】组中，可以设置迷你图的显示效果，如勾选【高点】

【低点】复选框，即可快速设置其显示效果，如下图所示。

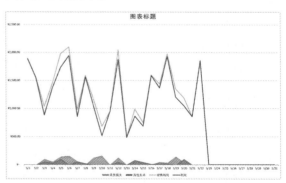

至此，就完成了商品销售统计分析图表的制作，只需要按【Ctrl+S】组合键保存即可。

举一反三

制作月度分析图表

与商品销售统计分析图表类似的文档还有月度分析图表、年产量统计图表、货物库存分析图表、成绩统计分析图表等。制作这类图表时，要求做到数据格式统一，并且要选择合适的图表类型，以准确展示要传递的信息。下面就以制作月度分析图表为例进行介绍。

第1步 创建图表。打开"素材\ch06\月度分析图表.xlsx"文档，创建组合图图表，如下图所示。

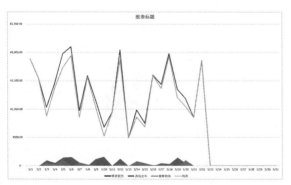

第2步 美化图表。根据需要调整图表的大小和

位置，并更改图表的布局、样式，应用表格样式，如下图所示。

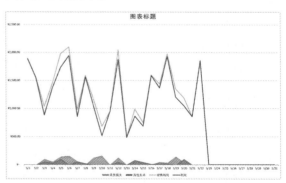

第3步 添加及设置图表元素。更改图表标题、添加数据标签、数据表及调整图例的位置，如

下图所示。

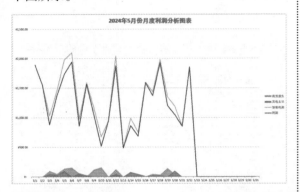

第4步 添加趋势线。选择图表中的"利润"走势线，单击【图表设计】选项卡下的【添加图表元素】下拉按钮，在弹出的下拉列表中选择【趋势线】→【线性】选项，并设置趋势线的线条类型及颜色，最终效果如下图所示。

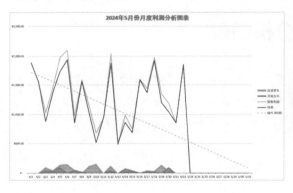

◇ AI助力选择最佳图表类型

如果不知道应该使用哪种图表类型，可以询问AI，AI会根据数据的特点和问题的具体情况给出相应的建议。这样不仅可以更加准确地

表现数据的特点，而且还能提高图表的可读性和易用性。

（1）已知要展示的数据类型，询问使用哪种图表合适。

提问	如果要在Excel中展示部分城市的空气质量指数，需要用什么类型的图表
回答	如果要在Excel中展示部分城市的空气质量指数，可以使用柱形图或条形图。这些图表能够清晰地展示每个数据点在一个或多个维度上的比较情况。 以下是一个在Excel中创建柱形图（Bar Chart）的示例。 首先打开Excel和你的数据集。假设你的数据集包含两列，一列是城市名称（在A列中），另一列是空气质量指数（在B列中）。 在Excel的菜单栏中选择【插入】（Insert）选项，然后在下拉菜单中选择【图表】（Chart）。 在弹出的窗口中选择【柱形图】（Bar Chart），然后选择你喜欢的柱形图样式。Excel会自动将你的数据展示在图表中。 以上信息仅供参考，如有其他疑问，可咨询Excel的图形绘制指导

（2）已知图表的展示目的，但不知道应该使用哪种图表。

如果要展示多种数据的占比情况，应该使用哪种图表？

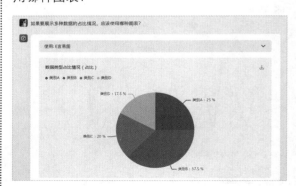

图表数据：

数据类型	占比
类别A	25
类别B	37.5
类别C	20
类别D	17.5

我（文心一言）是百度开发的人工智能模型，通过分析大量公开文本信息进行学习。然而，我所提供的信息可能存在误差。因此上文内容仅供参考，并不应被视为专业建议。

◇ 使用AI将数据快速转换为图表

相比手工制图，AI能更快速地生成设计方案，提高工作效率。此外，制作完成的图表可以直接保存到计算机中，兼容性强。在文心一言中，可以使用E言易图插件制作图表。

第1步 打开文心一言，单击输入框上方的【选插件】按钮，在弹出的插件列表中选择【E言易图】选项，调用E言易图插件，如下图所示。

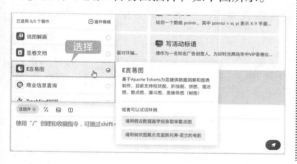

第2步 在输入框中输入指令，单击【发送信息】按钮，如下图所示。

第3步 文心一言根据指令生成图表，如下图所示。用户可以复制图表，并将其粘贴至Excel或其他文档中。

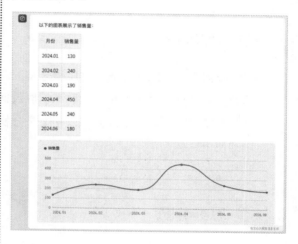

第 7 章

高级数据处理与分析——
数据透视表和数据透视图

本章导读

数据透视可以将筛选、排序和分类汇总等操作依次完成，并生成汇总表格，对数据的分析和处理有很大的帮助。熟练掌握数据透视表和数据透视图的运用，可以提高处理大量数据的效率。本章以制作公司财务分析透视报表为例，介绍数据透视表和数据透视图的使用。

思维导图

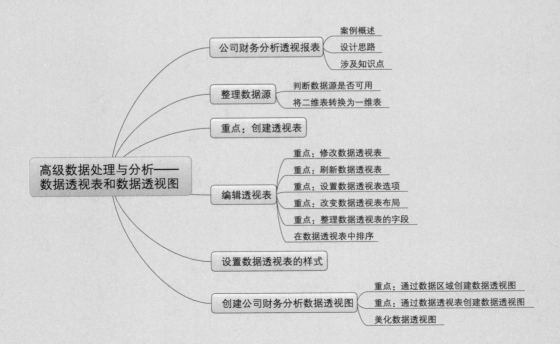

7.1 公司财务分析透视报表

公司财务情况报表是公司一段时间内资金、利润情况的明细表。通过对公司财务情况报表的分析，公司管理者可以对公司的偿债能力、盈利能力、运营状况等做出判断，找出公司运营过程中的不足，并采取相应的措施进行改善，提高管理水平。

7.1.1 案例概述

由于公司财务情况报表的数据类目比较多，且数据比较繁杂，因此直接观察很难发现其中的规律和变化趋势。使用数据透视表和数据透视图可以将数据按一定规律进行整理汇总，更直观地展现数据的变化情况。

7.1.2 设计思路

制作公司财务分析透视报表时可以按以下思路进行。
（1）对数据源进行整理，使其符合创建数据透视表的条件。
（2）创建数据透视表，对数据进行初步整理汇总。
（3）编辑数据透视表，对数据进行完善和更新。
（4）设置数据透视表格式，对数据透视表进行美化。
（5）创建数据透视图，对数据进行直观展示。

7.1.3 涉及知识点

本案例主要涉及以下知识点。
（1）整理数据源。
（2）创建透视表。
（3）编辑透视表。
（4）设置透视表格式。
（5）创建和编辑数据透视图。

7.2 整理数据源

数据透视表对数据源有一定的要求，在创建数据透视表之前需要对数据源进行整理，使其符合创建数据透视表的条件。

7.2.1 判断数据源是否可用

创建数据透视表时首先需要判断数据源是否可用。在Excel中，用户可以根据以下4种类型的数据源创建数据透视表。

（1）Excel数据列表。Excel数据列表是最常用的数据源。如果以Excel数据列表作为数据源，则标题行不能有空白单元格或合并的单元格，否则不能生成数据透视表，如下图所示。

（2）外部数据源。文本文件、Microsoft SQL Server数据库、Microsoft Access数据库、dBASE数据库等均可作为数据源。Excel 2000及以上版本还可以利用Microsoft OLAP多维数据集创建数据透视表。

（3）多个独立的Excel数据列表。数据透视表可以将多个独立的Excel表格中的数据汇总到一起。

（4）其他数据透视表。创建完成的数据透视表也可以作为数据源来创建另一个数据透视表。

在实际工作中，数据往往是以二维表格的形式存在的，如下图所示。这样的数据表无法作为数据源创建理想的数据透视表。

	A	B	C	D	E
1		东北	华中	西北	西南
2	第一季度	1200	1100	1300	1500
3	第二季度	1000	1500	1500	1400
4	第三季度	1500	1300	1200	1800
5	第四季度	2000	1400	1300	1600

只有把二维的数据表格转换为如下图所示的一维表格，才能作为数据透视表的理想数据源。数据列表就是指这种以列表形式存在的数据表格。

	A	B	C
1	地区	季度	销量
2	东北	第一季度	1000
3	华中	第二季度	1500
4	西北	第三季度	1500
5	西南	第四季度	1400
6	东北	第一季度	1000
7	华中	第二季度	1500
8	西北	第三季度	1500
9	西南	第四季度	1400
10	东北	第一季度	1000
11	华中	第二季度	1500
12	西北	第三季度	1500
13	西南	第四季度	1400
14	东北	第一季度	1000
15	华中	第二季度	1500
16	西北	第三季度	1500
17	西南	第四季度	1400

7.2.2 将二维表转换为一维表

将二维表转换为一维表的具体操作步骤如下。

第1步 打开"素材\ch07\公司财务分析透视报表.xlsx"工作簿，选择A1:E8单元格区域，单击【数据】选项卡下【获取和转换数据】组中的【来自表格/区域】按钮，如下图所示。

第2步 弹出【创建表】对话框，单击【确定】按钮，如下图所示。

第3步 弹出【表1（3）–Power Query编辑器】窗口，单击【转换】选项卡下【任意列】组中的【逆透视列】下拉按钮，在弹出的下拉列表中选择【逆透视其他列】选项，如下图所示。

第4步 单击【主页】选项卡下【关闭】组中的【关闭并上载】按钮，如下图所示。

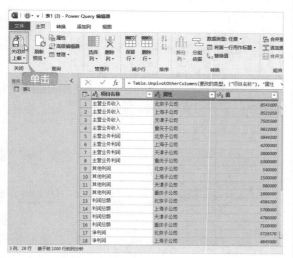

第5步 新建工作表并将二维表转换为一维表，效果如下图所示。

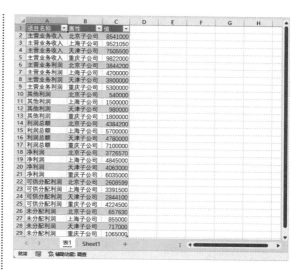

第6步 选择数据区域中的任意一个单元格，单击【表设计】选项卡下【工具】组中的【转换为区域】按钮，如下图所示。

第7步 在弹出的提示框中单击【确定】按钮，如下图所示。

第8步 将二维数据表转换为一维数据表，在B1单元格输入"子公司"，在C1单元格输入"金额"，如下图所示。

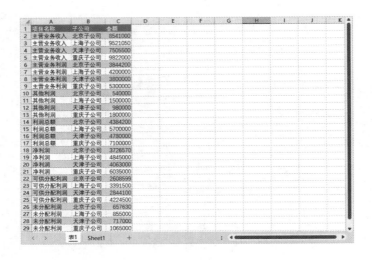

7.3 重点：创建透视表

当数据源工作表符合创建数据透视表的要求时，即可创建透视表，具体操作步骤如下。

第1步 选中一维数据表数据区域中的任意单元格，单击【插入】选项卡下【表格】组中的【数据透视表】下拉按钮，在弹出的列表中选择【表格和区域】选项，如下图所示。

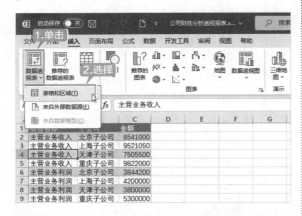

第2步 弹出【来自表格或区域的数据透视表】对话框，选中【选择放置数据透视表的位置】区域中的【现有工作表】单选按钮，单击【位置】文本框右侧的按钮，如下图所示。

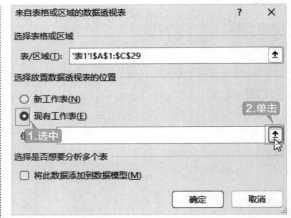

第3步 在工作表中选择数据区域，如选中 E1 单元格，单击按钮，如下图所示。

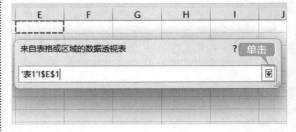

第4步 返回【来自表格或区域的数据透视表】对话框，单击【确定】按钮，如下图所示。

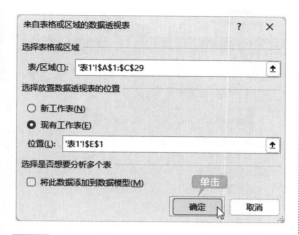

字段拖至【行】区域中，将【金额】字段拖至【值】区域中，如下图所示。

第5步 创建数据透视表，如下图所示。

第7步 生成数据透视表，效果如下图所示。

第6步 在【数据透视表字段】任务窗格中将【项目名称】字段拖至【列】区域中，将【子公司】

7.4 编辑透视表

创建数据透视表之后，当添加、删除数据或者对数据进行更新时，可以对透视表进行编辑。

7.4.1 重点：修改数据透视表

如果需要为数据透视表添加字段，可以使用更改数据源的方式对数据透视表做出修改，具体操作步骤如下。

第1步 选择 D1 单元格，输入"核对人员"文本，并在下方输入核对人姓名，效果如下图所示。

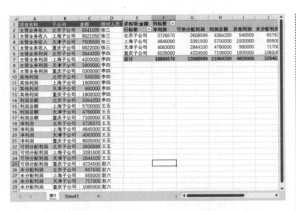

第5步 返回【移动数据透视表】对话框,单击【确定】按钮,如下图所示。

第6步 在【数据透视表字段】任务窗格中,将【核对人员】字段拖至【筛选】区域中,如下图所示。

第2步 选择数据透视表,单击【数据透视表分析】选项卡下【数据】组中的【更改数据源】下拉按钮,在弹出的列表中选择【更改数据源】选项,如下图所示。

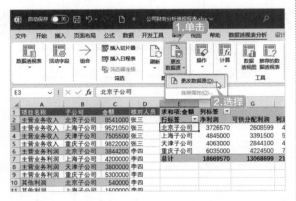

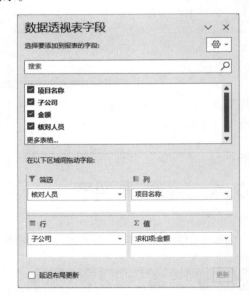

第3步 弹出【更改数据透视表数据源】对话框,单击【请选择要分析的数据】选项区域中的【表/区域】文本框右侧的按钮,如下图所示。

第7步 在数据透视表中可以看到相应的变化,效果如下图所示。

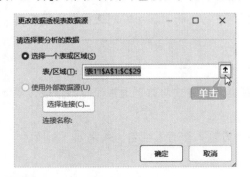

第4步 选择A1:D29单元格区域,单击按钮,如下图所示。

7.4.2 重点：刷新数据透视表

如果工作表中的记录发生变化，就需要对数据透视表做出相应修改，具体操作步骤如下。

第1步 选择一维表中第18行和第19行的单元格区域，如下图所示。

第2步 右击选中的单元格区域，在弹出的快捷菜单中选择【插入】选项，即可在选择的单元格区域上方插入空白行，效果如下图所示。

第3步 在新插入的单元格中输入相关内容，效果如下图所示。

第4步 选择数据透视表，单击【数据透视表分析】选项卡下【数据】组中的【刷新】按钮，如下图所示。

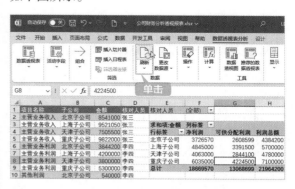

第5步 在数据透视表中加入新添加的记录，效果如下图所示。

第6步 将新插入的记录从一维表中删除，再次单击【刷新】按钮，该记录即会从数据透视表中消失，如下图所示。

7.4.3 重点：设置数据透视表选项

可以对创建的数据透视表选项进行设置，具体操作步骤如下。

第1步 选择数据透视表，单击【数据透视表分析】选项卡下【数据透视表】组中的【选项】按钮圆，如下图所示。

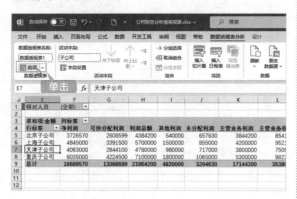

第2步 弹出【数据透视表选项】对话框，其中有布局和格式、汇总和筛选、打印、数据及替代文字等选项，用户可以灵活定制和管理数据透视表，满足不同的分析需求。例如，这里选择【数据】选项卡，选中【数据透视表数据】选项区域中的【打开文件时刷新数据】复选框，单击【确定】按钮，如下图所示。当再次打开文件时，会自动刷新透视表中的数据。

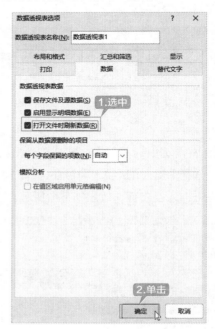

7.4.4 重点：改变数据透视表布局

创建完数据透视表后，还可以根据需要对透视表的布局进行调整，以符合操作习惯。

第1步 选择数据透视表中的任意一个单元格，单击【设计】选项卡下【布局】组中的【报表布局】下拉按钮圆，在弹出的下拉列表中选择【以表格形式显示】选项，如下图所示。

第2步 将透视表以表格形式显示，如行标签和列标签分别变成了"子公司"和"项目名称"，如下图所示。

第3步 单击【设计】选项卡下【布局】组中的【总计】下拉按钮▦，在弹出的下拉列表中选择【对行和列禁用】选项，如下图所示。

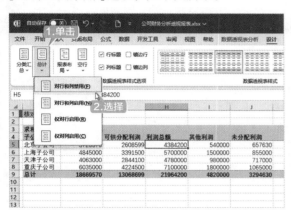

第4步 将行列的"总计"项隐藏，如下图所示。

第5步 单击【设计】选项卡下【布局】组中的【总计】下拉按钮▦，在弹出的下拉列表中选择【对行和列启用】选项，即可恢复行和列的"总计"项，如下图所示。

7.4.5 重点：整理数据透视表的字段

可以通过整理数据透视表中的字段，分别对各字段进行统计分析，具体操作步骤如下。

第1步 右击数据透视表，在弹出的选项中，选择【显示字段列表】选项，打开【数据透视表字段】任务窗格，在其中取消选中【子公司】复选框，如下图所示。

数据透视表字段 ∨ ✕

选择要添加到报表的字段：⚙ ∨

搜索 🔍

取消选中

☑ 项目名称
☐ 子公司
☑ 金额
☑ 核对人员

在以下区域间拖动字段：

▽ 筛选　　　 ▥ 列
核对人员 ∨　　 项目名称 ∨

第2步 数据透视表中会相应发生改变，效果如下图所示。

第3步 取消选中【项目名称】复选框，该字段也将从数据透视表中消失，效果如下图所示。

第5步 将原来数据透视表中的行和列进行互换，效果如下图所示。

第4步 在【数据透视表字段】任务窗格中，将【子公司】字段拖至【列】区域中，将【项目名称】字段拖至【行】区域中，如下图所示。

7.4.6 在数据透视表中排序

如果需要对数据透视表中的数据进行排序，可以使用下面的方法。

第1步 单击E4单元格右侧的下拉按钮，在弹出的下拉列表中选择【降序】选项，如下图所示。

第2步 看到"项目名称"以降序显示的数据，如下图所示。

按【Ctrl+Z】组合键撤销操作，即可恢复排序前的表。另外，通过单击【数据】选项卡下【排序和筛选】组中的【升序】或【降序】按钮也可进行相应排序。

7.5 设置数据透视表的样式

对数据透视表进行样式设置可以使数据透视表清晰美观，增加数据透视表的易读性。

第1步 选择数据透视表内的任意单元格，单击【设计】选项卡下【数据透视表样式】组中的【其他】按钮，在弹出的下拉列表中选择一种样式，如下图所示。

> **提示**
>
> 用户还可以选择【新建数据透视表样式】选项，为数据透视表自定义样式。

第2步 对数据透视表应用该样式，效果如下图所示。

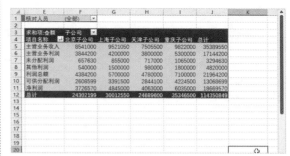

7.6 创建公司财务分析数据透视图

与数据透视表不同，数据透视图可以更直观地展示出数据的数量和变化，使阅读者更容易从中找到数据的变化规律和趋势。

7.6.1 重点：通过数据区域创建数据透视图

数据透视图可以通过数据源工作表进行创建，具体操作步骤如下。

第1步 选中工作表中的A1:D29单元格区域，单击【插入】选项卡下【图表】组中的【数据透视图】下拉按钮，在弹出的列表中选择【数据透视图】选项，如下图所示。

第2步 弹出【创建数据透视图】对话框，选择数据区域和放置数据透视图的位置，如这里选择【新工作表】单选按钮，单击【确定】按钮，如下图所示。

第3步 在工作表中插入数据透视图，效果如下图所示。

第4步 在【数据透视图字段】任务窗格中，将【项目名称】字段拖至【图例】区域中，将【子公司】字段拖至【轴（类别）】区域中，将【金额】字段拖至【值】区域中，将【核对人员】字段拖至【筛选】区域中，如下图所示。

第5步 生成数据透视图，效果如下图所示。

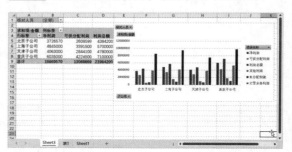

7.6.2　重点：通过数据透视表创建数据透视图

除了使用数据区域创建数据透视图，还可以使用数据透视表创建数据透视图，具体操作步骤如下。

第1步 选择数据透视表数据区域中的任意一单元格，单击【数据透视表分析】选项卡下【工具】组中的【数据透视图】按钮，如下图所示。

第2步 弹出【插入图表】对话框，选择一种图

表类型，如下图所示，单击【确定】按钮，即可在工作表中插入数据透视图。

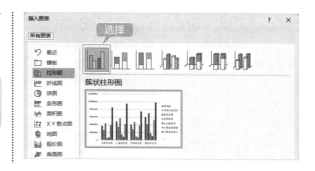

> **|提示|**
>
> 若要删除数据透视图，可以先选中数据透视图，再按【Delete】键即可。

7.6.3 美化数据透视图

插入数据透视图之后，可以对数据透视图进行美化，具体操作步骤如下。

第1步 选中创建的数据透视图，单击【设计】选项卡下【图表样式】组中的【更改颜色】下拉按钮，在弹出的下拉列表中选择一种颜色组合，如下图所示。

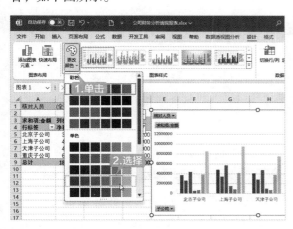

第2步 为数据透视图应用该颜色组合，效果如下图所示。

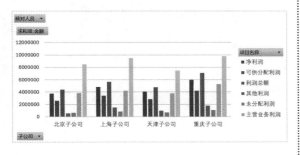

第3步 单击【数据透视图分析】选项卡下【图表样式】组中的【其他】按钮，在弹出的下拉列表中选择一种图表样式，如下图所示。

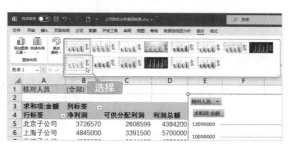

第4步 为数据透视图应用所选样式，效果如下图所示。

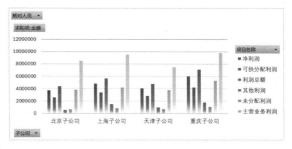

第5步 单击【设计】选项卡下【图表布局】组中的【添加图表元素】按钮，在弹出的下拉列表中选择【图表标题】→【图表上方】选项，如下图所示。

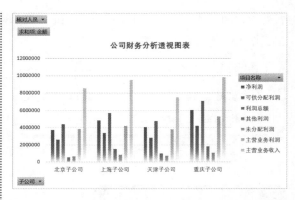

第6步 在数据透视图中添加图表标题，并根据需要调整图表大小及位置，效果如下图所示。

| 提示 |

透视图外观的设置应首先确保信息的易读性，然后在不影响读取信息的前提下对图表进行美化。

举一反三

制作销售业绩透视表

制作销售业绩透视表可以很好地对销售业绩数据进行分析，找到普通数据表中难以发现的规律，这对以后的销售策略有很重要的参考作用。制作销售业绩透视表可以按照以下思路进行。

1. 创建销售业绩透视表

根据销售业绩表创建销售业绩透视表，如下图所示。

2. 设置销售业绩透视表的格式

可以根据需要对透视表的格式进行设置及美化，使表格更加清晰和易读，如下图所示。

3. 插入销售业绩透视图

在工作表中插入销售业绩透视图，以便更好地对各部门、各季度的销售业绩进行分析，如下图所示。

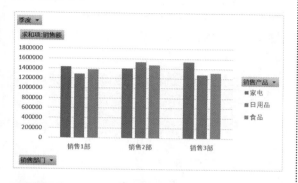

4. 美化销售业绩透视图

对销售业绩透视图进行美化操作，使销售业绩透视图更加美观和清晰，如下图所示。

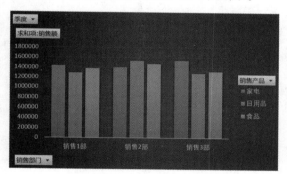

◇ 用AI解读数据完成分析报告

在处理大量数据时，我们需要对数据进行清洗、预处理、分析，才能书写分析报告。而使用AI模型，不仅能够快速准确地解读数据，还能够根据用户的需求，自动生成结构清晰、内容翔实的分析报告。这样不仅简化了数据处理和分析的过程，还显著提高了工作效率，为决策者提供了有力的数据支持。

下面以"通义千问"为例，讲述具体操作方法。

第1步 打开通义千问并登录，单击输入框上方的【文档解析】按钮，然后单击【上传文档】按钮，如下图所示。

第2步 选择要上传的Excel文档，上传成功后，输入指令，然后单击【发送信息】按钮 ，如下图所示。

第3步 通义千问分析数据，并生成报告内容，如下图所示。

生成报告后，我们可以根据内容进行甄别和判断，然后向AI模型发送指令，进行多轮对话，完善报告内容。

◇ VBA代码生成专家：简化编程，提高效率

VBA可以自动化处理大量重复的工作，如果不懂VBA，可以使用AI生成VBA代码，并将

生成的代码添加到Excel中运行。

　　例如，现有一个Excel表格，其中包含一些重复的数据项，我们希望将包含重复项的单元格背景色填充为黄色。

第1步 打开通义千问，在输入框中输入指令，单击【发送信息】按钮，如下图所示。

第2步 即可生成VBA代码，单击【复制】按钮，如下图所示。

第3步 打开"重复项.xlsx"素材文件，选择要检查的单元格区域，单击【开发工具】选项卡下【代码】组中的【Visual Basic】按钮，如下图所示。

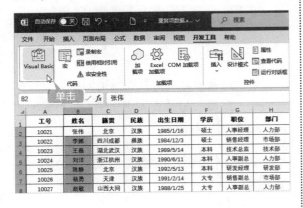

| 提示 |

　　如果没有【开发工具】选项卡，可右击功能区，在弹出的快捷菜单中选择【自定义功能区】选项，添加【开发工具】到主选项卡中。

第4步 打开VBA编辑器，双击左侧窗口中的Sheet1选项，并将代码复制到右侧打开的窗口中，单击【运行子过程/用户窗体】按钮，如下图所示。

| 提示 |

　　用户也可以单击【保存】按钮，关闭VBA编辑器窗口。需要使用宏时，单击【开发工具】选项卡下【代码】组中的【宏】对话框，选择宏名，然后单击【执行】按钮。

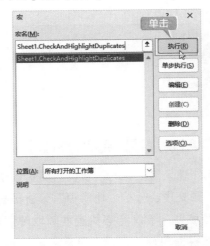

第5步 运行宏后的效果，如下图所示。

为了便于理解，我们再举一个例子，当需要在工作表中插入多个工作表时，也可以使用 AI 模型生成 VBA 代码。

第1步 打开通义千问，在输入框中输入指令，并得到 VBA 代码，执行复制操作，如下图所示。

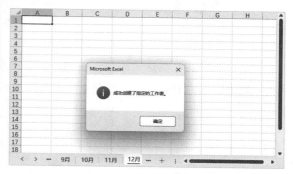

第2步 按【Alt+F11】组合键打开【VBA 编辑器】窗口，并粘贴至 Sheet1 模块中，单击【运行子过程/用户窗体】按钮▶，弹出【新建工作表】对话框，输入多个工作表的名称后，单击【确定】按钮，如下图所示。

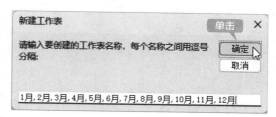

第3步 创建了多个工作表，如下图所示。

第 8 章
高级数据处理与分析——
公式和函数的应用

本章导读

公式和函数是 Excel 的重要组成部分，它们有着强大的计算能力，为用户分析和处理工作表中的数据提供方便。使用公式和函数可以节省处理数据的时间，降低处理数据时的出错率。本章通过制作企业员工工资明细表来讲解公式和函数的应用。

思维导图

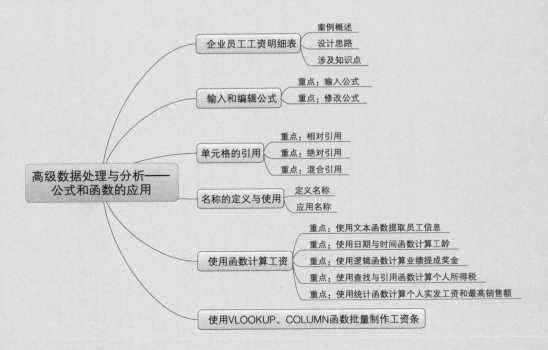

8.1 企业员工工资明细表

企业员工工资明细表是最常见的工作表类型之一。工资明细表作为企业员工工资的发放凭证，是根据各种工资类型汇总而成的，涉及众多函数的使用。了解各种函数的用法和性质，对分析数据有很大帮助。

8.1.1 案例概述

企业员工工资明细表由工资表、员工基本信息表、销售奖金表、业绩奖金标准和个人所得税表组成，每个工作表中的数据都需要经过大量的运算，各个表格之间也需要使用函数相互调用，最后由这些工作表共同组成企业员工工资明细表。通过制作企业员工工资明细表，可以学习各种函数的使用方法。

8.1.2 设计思路

企业员工工资明细表由工资表、员工基本信息表等基本表格组成。其中，工资表记录着员工每项工资的明细和总的工资额，员工基本信息表记录着员工的工龄、职位等。由于工作表之间存在调用关系，因此需要制作者厘清工作表的制作顺序，具体设计思路如下。

（1）应先完善员工基本信息，计算出五险一金的缴纳金额。

（2）计算员工工龄，得出工龄工资。

（3）根据奖金发放标准计算出员工奖金数目。

（4）汇总得出应发工资数目，以及个人所得税缴纳金额。

（5）汇总各项工资数额，得出实发工资额，最后生成工资条。

8.1.3 涉及知识点

本案例主要涉及以下知识点。

（1）VLOOKUP、COLUMN 函数。

（2）输入、复制和修改公式。

（3）单元格的引用。

（4）名称的定义和使用。

（5）文本函数的使用。

（6）日期函数和时间函数的使用。

（7）逻辑函数的使用。

（8）统计函数的使用。

（9）查找和引用函数的使用。

8.2 输入和编辑公式

输入公式是使用函数的第一步。在制作企业员工工资明细表的过程中使用的函数多种多样，具体输入方法也可以根据需要进行调整。

打开"素材\ch08\企业员工工资明细表.xlsx"工作簿，可以看到工作簿中包含5个工作表，通过单击底部的工作表标签进行切换，如下图所示。

"工资表"工作表：指企业员工工资的最终汇总表，主要记录员工基本信息和各个部分的工资构成，如下图所示。

"员工基本信息"工作表：主要记录员工的编号、姓名、入职日期、基本工资和五险一金等信息，如下图所示。

"销售奖金表"工作表：指员工业绩的统计表，记录着员工的信息和业绩情况，统计了各个员工应发放奖金的比例和金额。此外，还统计了最高销售额和该销售额对应的员工，如下图所示。

"业绩奖金标准"工作表：主要记录各个层级的销售额应发放奖金的比例，是统计奖金额度的依据，如下图所示。

"个人所得税表"工作表：个人所得税表计录的是员工每月应缴的个人所得税额度，如下图所示。

8.2.1 重点：输入公式

输入公式的方法有很多，用户可以根据需要进行选择，做到准确、快速地输入。

1. 公式的输入方法

在 Excel 中，输入公式的方法可以分为手动输入和单击输入。

（1）手动输入。

第1步 选择"员工基本信息"工作表，在选定的单元格中输入"=11+4"，公式会同时出现在单元格和编辑栏中，如下图所示。

第2步 按【Enter】键或单击编辑栏中的 ✓ 按钮确认输入，单元格中会显示运算结果，如下图所示。

提示

公式中的符号一般要求在英文状态下输入。

（2）单击输入。

在需要引用大量单元格时，单击输入可以节省很多时间且不容易出错。下面以输入公式"=D3+D4"为例来具体说明。

第1步 选择"员工基本信息"工作表，选中 G4 单元格，输入"="，如下图所示。

第2步 单击 D3 单元格，单元格周围会显示活动的虚线框，同时编辑栏中会显示"D3"，这表示单元格已被引用，如下图所示。

第3步 输入加号"+"，且单击 D4 单元格即可引用，如下图所示。

第4步 按【Enter】键确认，即可完成公式的输入并得出结果，效果如下图所示。

2. 在企业员工工资明细表中输入公式

第1步 选择"员工基本信息"工作表，选中E2单元格，在单元格中输入公式"=D2*10%"，如下图所示。

8.2.2 重点：修改公式

各地情况不同，五险一金缴纳比例也不一样，因此公式也应做出相应修改，具体操作步骤如下。

第1步 选择"员工基本信息"工作表，选中要修改的单元格区域，比如要将缴纳比例更改为11%，只需在上方编辑栏中将公式更改为"=D2*11%"即可，如下图所示。

第2步 按【Enter】键确认，即可得出员工"李晓明"的五险一金缴纳金额，如下图所示。

第3步 将光标放在E2单元格右下角，当光标变为➕形状时，按住鼠标左键将光标向下拖动至E11单元格，即可快速填充所选单元格，效果如下图所示。

第2步 按【Ctrl+Enter】组合键确认，即可显示比例更改后的缴纳金额，如下图所示。

8.3 单元格的引用

单元格的引用分为相对引用、绝对引用和混合引用3种，掌握单元格的引用可以为制作企业员工工资明细表提供很大帮助。

8.3.1 重点：相对引用

相对引用是指公式中引用的单元格地址会根据公式所在位置的变动而相应调整。将一个包含相对引用的公式从一处复制到另一处时，公式中的单元格地址会根据新位置相应变动。

假设有一个员工的工资清单，其中包含基本工资、奖金及总工资，如下图所示。

	A	B	C	D
1	员工姓名	基本工资 (元)	奖金 (元)	总工资 (元)
2	李华	4800	1200	=B2+C2
3	王刚	6500	1500	=B3+C3
4	张婷	12000	2000	=B4+D4

在这个例子中，每个员工的总工资都是通过将同一行的基本工资和奖金相加得到的。如果我们把计算李华总工资的公式"=B2+C2"向下拖动以自动填充其他员工的总工资，这时公式会自动调整，变成"=B3+C3"或"=B4+C4"，这就是相对引用在起作用。

对于王刚来说，公式中原本的B2变成了B3，C2变成了C3；对于张婷来说，B3和C3分别变成了B4和C4。这样，每个员工的总工资都是根据其各自行内的数据计算得到的。

8.3.2 重点：绝对引用

绝对引用与相对引用不同，它在公式中的单元格地址是固定的，不会随着公式的复制和移动而改变。绝对引用通过在行号和列号前添加美元符号"$"来表示，如 $A$1。

例如，工资表包含了员工的姓名、基本工资、奖金、总工资、社保扣款及实发工资。其中还有一个社保扣款标准表，包含了不同工资级别的社保扣款金额，如下图所示。

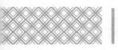

在这个工资表中，我们使用了VLOOKUP函数来根据总工资在扣款标准表中查找相应的社保扣款金额。注意，VLOOKUP函数的第三个参数（返回值的列号）使用了绝对引用，因为无论公式被复制到哪里，我们都希望返回的是固定单元格区域A7:B9中的第2列的值。

对于李华来说，他的总工资是6000，位于扣款标准表的第一个工资级别内，所以社保扣款是500，使用了公式"=VLOOKUP(D2, $A$7:$B$9,2,FALSE)"，并使用了绝对引用来锁定扣款标准表的引用范围。

当我们把这些公式复制到王刚和张婷的对应单元格时，Excel会自动调整VLOOKUP函数中的第一个参数（查找值），但扣款标准表的引用范围A7:B9保持不变。这样，我们就能确保无论公式被复制到哪里，都是基于同一个固定的扣款标准表来计算社保扣款金额的。

通过这个案例，我们可以看到绝对引用在引用固定单元格区域时的重要性。它确保了即使公式被复制到其他位置，引用的单元格区域也始终保持不变，从而保证了计算的准确性和一致性。

8.3.3 重点：混合引用

混合引用是Excel中引用单元格或单元格区域的一种方式，它结合了相对引用和绝对引用的特点。在混合引用中，可以固定行号或列号，让另一个部分保持相对引用。这样，当公式被复制或移动时，引用的行或列会相应地变化，而另一部分则保持不变。

在工资表中，混合引用特别有用，尤其是当我们需要让公式的某部分（如列引用）保持固定，而另一部分（如行引用）随着公式的移动而自动调整时。

例如，8.3.2小节中的E2单元格中的公式如下：

```
=VLOOKUP(D2,$A$7:$B$9,2,FALSE)
```

将公式修改如下：

```
=VLOOKUP(D2,A$7:B$9,2,FALSE)
```

在这个新的公式中，A7:B9是混合引用。$符号固定了列号（始终引用A列和B列），但没有固定行号，因此行号会随着公式的移动而改变。现在，如果我们将E2单元格中的公式复制到E3、E4等单元格中，公式会自动变成：

```
=VLOOKUP(D3,A$8:B$10,2,FALSE)
=VLOOKUP(D4,A$9:B$11,2,FALSE)
```

这样，每个员工的社保扣款都能被正确地计算出来，而无须为每个员工单独编写一个公式。

8.4 名称的定义与使用

为单元格或单元格区域定义名称，可以方便对该单元格或单元格区域进行查找和引用，在数据

众多的工资明细表中可以发挥很大作用。

8.4.1 定义名称

名称是代表单元格、单元格区域、公式或常量值的单词或字符串，它在使用范围内必须保持唯一，也可以在不同的范围中使用同一个名称。如果要引用工作簿中相同的名称，则需要在名称之前加上工作簿名称。

1. 为单元格命名

选中【销售奖金表】中的G1单元格，在编辑栏的名称文本框中输入"最高销售额"，按【Enter】键确认，即可完成为单元格命名的操作，如下图所示。

> **提示**
>
> 为单元格命名时必须遵守以下几点规则。
>
> ①名称中的第1个字符必须是字母、汉字、下画线或反斜杠，其他字符可以是字母、汉字、数字、点和下画线。
>
> ②不能将"C"和"R"的大小写字母作为定义的名称。在名称文本框中输入这些字母时，会将它们作为当前单元格选择行或列的表示法。例如，选择单元格A2，在名称文本框中输入"R"，按【Enter】键，光标将定位到工作表的第2行上。
>
> ③名称不能与单元格引用相同。例如，不能将单元格命名为"Z12"或"R1C1"。如果将A2单元格命名为"Z12"，按【Enter】键，光标将定位到"Z12"单元格。

④不允许使用空格。如果要将名称中的单词分开，可以使用下画线或句点作为分隔符。例如，选择一个单元格，在名称框中输入"单元格"，按【Enter】键，则会弹出错误提示框。

⑤名称长度不得超过255个字符。此外，Excel中的名称不区分大小写字母，即无论输入的是大写字母，还是小写字母，Excel均将其视为同一名称。

2. 为单元格区域命名

为单元格区域命名有以下几种方法。

（1）在名称栏中直接输入。

选择"销售奖金表"工作表，选中C2:C11单元格区域。在名称文本框中输入"销售额"文本，按【Enter】键，即可完成对该单元格区域的命名，如下图所示。

销售额			48000			
	A	B	C	D	E	F
1	员工编号	员工姓名	销售额	奖金比例	奖金	
2	101001	李晓明	¥48,000.0			
3	101002	王芳	¥38,000.0			
4	101003	张伟	¥52,000.0			
5	101004	赵丽娜	¥45,000.0			
6	101005	陈大明	¥45,000.0			
7	101006	杨超	¥62,000.0			
8	101007	吴磊	¥30,000.0			
9	101008	郑婷婷	¥34,000.0			
10	101009	朱小华	¥24,000.0			
11	101010	林志强	¥8,000.0			

（2）使用【新建名称】对话框。

第1步 选择"销售奖金表"工作表，选中D2:D11单元格区域。单击【公式】选项卡下【定义的名称】组中的【定义名称】按钮，如下图所示。

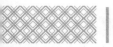

第2步 在弹出的【新建名称】对话框中的【名称】文本框中输入"奖金比例"，单击【确定】按钮，即可定义该区域的名称，如下图所示。

第3步 命名后的效果如下图所示。

（3）用数据标签命名。

工作表或选定区域的首行或每行的最左列通常含有标签以描述数据。若一个表格本身没有行标题和列标题，则可将这些选定的行和列标签转换为名称，具体操作步骤如下。

第1步 选择"员工基本信息"工作表，选中C1:C11单元格区域。单击【公式】选项卡下【定义的名称】组中的【根据所选内容创建】按钮 ，如下图所示。

第2步 在弹出的【根据所选内容创建名称】对话框中选中【首行】复选框，然后单击【确定】按钮，如下图所示。

第3步 为单元格区域命名。在名称文本框中输入"入职日期"，按【Enter】键，即可自动选中C2:C11单元格区域，如下图所示。

	A	B	C	D	E	F
1	员工编号	员工姓名	入职日期	基本工资	五险一金	
2	101001	李晓明	2012/1/20	¥9,500.0	¥1,045.0	
3	101002	王芳	2013/5/10	¥8,200.0	¥902.0	
4	101003	张伟	2015/6/25	¥7,900.0	¥869.0	
5	101004	赵丽娜	2016/2/3	¥7,200.0	¥792.0	
6	101005	陈大明	2017/8/5	¥6,500.0	¥715.0	
7	101006	杨超	2020/4/20	¥4,200.0	¥462.0	
8	101007	吴磊	2020/10/20	¥4,000.0	¥440.0	
9	101008	郑婷婷	2022/6/5	¥3,800.0	¥418.0	
10	101009	朱小华	2023/3/20	¥3,600.0	¥396.0	
11	101010	林志强	2024/1/20	¥3,200.0	¥352.0	
12						

8.4.2 应用名称

为单元格、单元格区域定义名称后，就可以在工作表中使用了，具体操作步骤如下。

第1步 选择"员工基本信息"工作表，分别将E2和E11单元格命名为"最高缴纳额"和"最低缴纳额"，单击【公式】选项卡下【定义的名称】组中的【名称管理器】按钮，如下图所示。

第4步 弹出【粘贴名称】对话框，在【粘贴名称】列表中选择【员工销售额】选项，单击【确定】按钮，如下图所示。

第2步 弹出【名称管理器】对话框，可以看到定义的名称，单击【关闭】按钮，如下图所示。

第3步 关闭【名称管理器】对话框，选择一个空白单元格H2。单击【公式】选项卡下【定义的名称】组中的【用于公式】按钮，在弹出的下拉列表中选择【粘贴名称】选项，如下图所示。

第5步 看到单元格中出现公式"=员工销售额"，如下图所示。

基本工资	五险一金				
¥9,500.0	¥1,045.0			=员工销售额	
¥8,200.0	¥902.0				
¥7,900.0	¥869.0				
¥7,200.0	¥792.0				
¥6,500.0	¥715.0				
¥4,200.0	¥462.0				
¥4,000.0	¥440.0				
¥3,800.0	¥418.0				
¥3,600.0	¥396.0				
¥3,200.0	¥352.0				

员工基本信息　销售奖金表　业绩奖金标准

第6步 按【Enter】键，即可将名称为"员工销售额"的单元格区域数据显示在H2单元格中，如下图所示。

入职日期	基本工资	五险一金			
1					
2012/1/20	¥9,500.0	¥1,045.0			48000
2013/5/10	¥8,200.0	¥902.0			38000
2015/6/25	¥7,900.0	¥869.0			52000
2016/2/3	¥7,200.0	¥792.0			45000
2017/8/5	¥6,500.0	¥715.0			45000
2020/4/20	¥4,200.0	¥462.0			62000
2020/10/20	¥4,000.0	¥440.0			30000
2022/6/5	¥3,800.0	¥418.0			34000
2023/3/20	¥3,600.0	¥396.0			24000
2024/1/20	¥3,200.0	¥352.0			8000

员工基本信息　销售奖金表　业绩奖金标准

8.5 使用函数计算工资

制作企业员工工资明细表需要运用多种类型的函数，这些函数可以为数据处理提供很大帮助。

8.5.1 重点：使用文本函数提取员工信息

员工的信息是工资表中必不可少的数据，逐个输入不仅浪费时间且容易出现错误，文本函数则擅长处理这种字符串类型的数据。使用文本函数可以快速且准确地将员工信息输入工资表中，具体操作步骤如下。

第1步 选择"工资表"工作表，选中B2单元格。在编辑栏中输入公式"=TEXT(员工基本信息!A2,0)"，如下图所示。

VLOOKUP			fx	=TEXT(员工基本信息!A2,0)
	A	B	C	D
1	编号	员工编号	员工姓名	工龄
2	1	=TEXT(员工基本信息!A2,0)		
3	2			
4	3			
5	4			
6	5			
7	6			

工资表　员工基本信息　销售奖金表　业绩奖

提示

公式"=TEXT(员工基本信息!A2,0)"用于将"员工基本信息"工作表中的A2单元格的值转换为文本格式，并将结果返回。

第2步 按【Enter】键确认，即可将"员工基本信息"工作表中相应单元格的工号引用在"工资表"工作表中的B2单元格，如下图所示。

B2			fx	=TEXT(员工基本信息!A2,0)
	A	B	C	D
1	编号	员工编号	员工姓名	工龄
2	1	101001		
3	2			
4	3			
5	4			
6	5			

第3步 使用快速填充功能可以将公式填充在B3:B11单元格区域中，如下图所示。

B2			fx	=TEXT(员工基本信息!A2,0)
	A	B	C	D	E	F
1	编号	员工编号	员工姓名	工龄	工龄工资	应发工资
2	1	101001				
3	2	101002				
4	3	101003				
5	4	101004				
6	5	101005				
7	6	101006				
8	7	101007				
9	8	101008				
10	9	101009				
11	10	101010				

工资表　员工基本信息　销售奖金表　业绩奖金标准

第4步 选中C2单元格，在编辑栏中输入"=TEXT(员工基本信息!B2,0)"，如下图所示。

第6步 使用快速填充功能可以将公式填充在 C3:C11 单元格区域中，如下图所示。

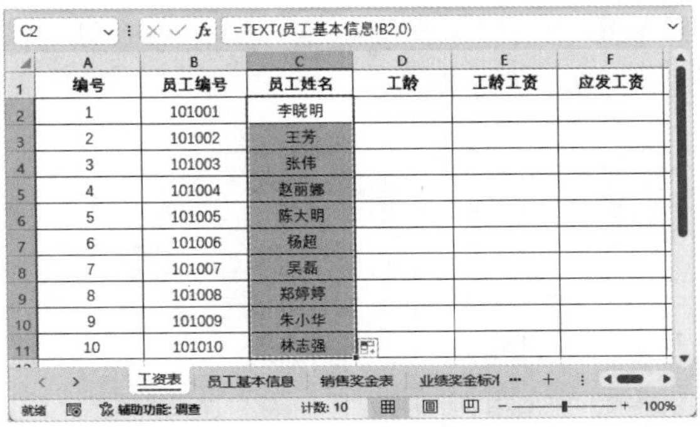

| 提示 |

公式"=TEXT(员工基本信息!B2,0)"用于显示"员工基本信息"工作表中B2单元格的员工姓名。

第5步 按【Enter】键确认，即可将"员工基本信息"工作表中相应单元格的员工姓名填充到"工资表"工作表的单元格内，如下图所示。

8.5.2 重点：使用日期与时间函数计算工龄

员工的工龄是计算工龄工资的依据。使用日期函数可以很准确地计算出员工工龄，根据工龄可以计算出工龄工资，具体操作步骤如下。

第1步 选择"工资表"工作表，选中D2单元格，在单元格中输入公式"=DATEDIF(员工基本信息!C2,TODAY(),"y")"，如下图所示。

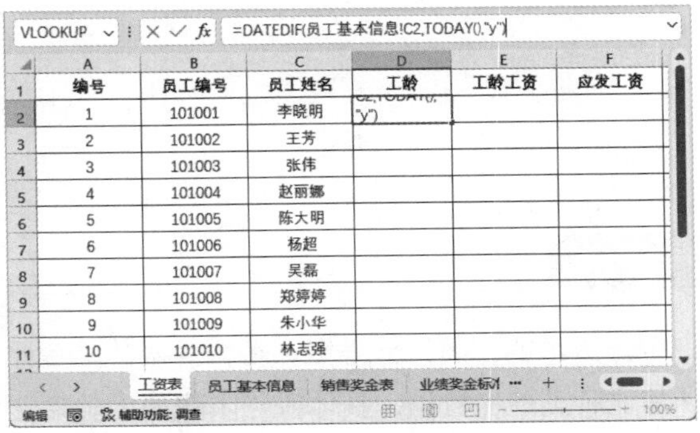

| 提示 |

在这个公式中，"员工基本信息!C2"表示引用"员工基本信息"工作表中C2单元格中的值，这应该是一个日期。函数TODAY()返回当前日期。"y"是DATEDIF函数的第三个参数，表示要计算两个日期之间的整年数差异。

因此，这个公式的作用是计算从"员工基本信息"工作表中C2单元格中的入职日期到当前日期之间的整年数差异，这个计算通常用来确定员工的工龄。

第2步 按【Enter】键确认，即可得出员工工龄，如下图所示。

第3步 使用快速填充功能可快速计算出其他员工的工龄，如下图所示。

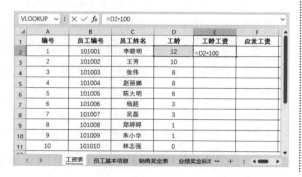

第6步 使用填充功能计算出其他员工的工龄工资，如下图所示。

第4步 选中E2单元格，输入公式"=D2*100"，如下图所示。

8.5.3 重点：使用逻辑函数计算业绩提成奖金

业绩提成奖金是企业员工工资的重要构成部分，根据员工的业绩划分等级，每个等级的奖金比例不同。逻辑函数可以进行复合检验，因此很适合计算这种类型的数据，具体操作步骤如下。

第1步 切换至"销售奖金表"工作表，选中D2单元格，在单元格中输入公式"=HLOOKUP(C2,业绩奖金标准!$B$2:$F$3,2)"，如下图所示。

	A	B	C	D	E
1	员工编号	员工姓名	销售额	奖金比例	奖金
2	101001	李晓明	¥48,000.0	=HB$2:$F$3,2)	
3	101002	王芳	¥38,000.0		
4	101003	张伟	¥52,000.0		
5	101004	赵丽娜	¥45,000.0		
6	101005	陈大明	¥45,000.0		
7	101006	杨超	¥62,000.0		
8	101007	吴磊	¥30,000.0		
9	101008	郑婷婷	¥34,000.0		
10	101009	朱小华	¥24,000.0		
11	101010	林志强			

工资表　员工基本信息　**销售奖金表**　业绩奖金标准

| 提示 |

这个公式使用了 Excel 中的 HLOOKUP 函数，该函数用于在水平范围内查找并返回特定的值。在这个公式中，"C2"是查找值，即想要在"业绩奖金标准"工作表中某个范围内查找的值。"业绩奖金标准!$B$2:$F$3"是表格数组，表示名为"业绩奖金标准"的工作表中B2单元格到F3单元格的范围。"2"是行索引数，表示希望从"业绩奖金标准"工作表的表格数组的顶部开始计数的第二行中找到的值。因此，这个公式的作用是在"业绩奖金标准"工作表的B2单元格到F3单元格的范围内，查找与C2单元格中的值相匹配的数据，并从第二行中返回对应的值。

第2步 按【Enter】键确认，即可得出奖金比例，如下图所示。

D2		fx	=HLOOKUP(C2,业绩奖金标准!$B$2:$F$3,2)		
	A	B	C	D	E	F
1	员工编号	员工姓名	销售额	奖金比例	奖金	
2	101001	李晓明	¥48,000.0	0.1		
3	101002	王芳	¥38,000.0			
4	101003	张伟	¥52,000.0			
5	101004	赵丽娜	¥45,000.0			
6	101005	陈大明	¥45,000.0			
7	101006	杨超	¥62,000.0			
8	101007	吴磊	¥30,000.0			
9	101008	郑婷婷	¥34,000.0			
10	101009	朱小华	¥24,000.0			
11	101010	林志强				

工资表　员工基本信息　**销售奖金表**　业绩奖金标准

第3步 使用填充功能将公式填充到其他单元格，

效果如下图所示。

奖金比例		fx	=HLOOKUP(C2,业绩奖金标准!$B$2:$F$3,2)			
	A	B	C	D	E	F
1	员工编号	员工姓名	销售额	奖金比例	奖金	
2	101001	李晓明	¥48,000.0	0.1		
3	101002	王芳	¥38,000.0	0.07		
4	101003	张伟	¥52,000.0	0.15		
5	101004	赵丽娜	¥45,000.0	0.1		
6	101005	陈大明	¥45,000.0	0.1		
7	101006	杨超	¥62,000.0	0.15		
8	101007	吴磊	¥30,000.0	0.07		
9	101008	郑婷婷	¥34,000.0	0.07		
10	101009	朱小华	¥24,000.0	0.03		
11	101010	林志强	¥8,000.0	0		

工资表　员工基本信息　**销售奖金表**　业绩奖金标准

第4步 选中E2单元格，在单元格中输入公式
"=IF(C2<50000,C2*D2,C2*D2+500)"，如下图所示。

VLOOKUP		fx	=IF(C2<50000,C2*D2,C2*D2+500)			
	A	B	C	D	E	F
1	员工编号	员工姓名	销售额	奖金比例	奖金	
2	101001	李晓明	¥48,000.0	0.1	=C2*D2,C2*D2 +500)	
3	101002	王芳	¥38,000.0	0.07		
4	101003	张伟	¥52,000.0	0.15		
5	101004	赵丽娜	¥45,000.0	0.1		
6	101005	陈大明	¥45,000.0	0.1		
7	101006	杨超	¥62,000.0	0.15		
8	101007	吴磊	¥30,000.0	0.07		
9	101008	郑婷婷	¥34,000.0	0.03		
10	101009	朱小华	¥24,000.0	0		
11	101010	林志强	¥8,000.0			

工资表　员工基本信息　**销售奖金表**　业绩奖金标准

| 提示 |

这个公式使用了 Excel 中的 IF 函数，该函数用于根据一个条件测试执行不同的操作。在这个公式中，"C2<50000"是逻辑测试，检查C2单元格中的值是否小于50000。"C2*D2"是值_if_true，如果C2单元格中的值确实小于50000，那么执行的计算是C2单元格的值乘以D2单元格的值。"C2*D2+500"是值_if_false，如果C2单元格中的值不小于50000（大于或等于50000），那么执行的计算是C2单元格的值乘以D2单元格的值，然后再加上500。因此，这个公式的作用是根据C2单元格中的值是否小于50000来决定执行哪种计算。

第5步 按【Enter】键确认，即可计算出该员工的奖金数目，如下图所示。

	A	B	C	D	E	F
	员工编号	员工姓名	销售额	奖金比例	奖金	
2	101001	李晓明	¥48,000.0	0.1	¥4,800.0	
3	101002	王芳	¥38,000.0	0.07		
4	101003	张伟	¥52,000.0	0.15		
5	101004	赵丽娜	¥45,000.0	0.1		
6	101005	陈大明	¥45,000.0	0.1		
7	101006	杨超	¥62,000.0	0.15		
8	101007	吴磊	¥30,000.0	0.07		
9	101008	郑婷婷	¥34,000.0	0.07		
10	101009	朱小华	¥24,000.0	0.03		
11	101010	林志强	¥8,000.0	0		

=IF(C2<50000,C2*D2,C2*D2+500)

第6步 使用快速填充功能得出其他员工的奖金数目，效果如下图所示。

	A	B	C	D	E	F
	员工编号	员工姓名	销售额	奖金比例	奖金	
2	101001	李晓明	¥48,000.0	0.1	¥4,800.0	
3	101002	王芳	¥38,000.0	0.07	¥2,660.0	
4	101003	张伟	¥52,000.0	0.15	¥8,300.0	
5	101004	赵丽娜	¥45,000.0	0.1	¥4,500.0	
6	101005	陈大明	¥45,000.0	0.1	¥4,500.0	
7	101006	杨超	¥62,000.0	0.15	¥9,800.0	
8	101007	吴磊	¥30,000.0	0.07	¥2,100.0	
9	101008	郑婷婷	¥34,000.0	0.07	¥2,380.0	
10	101009	朱小华	¥24,000.0	0.03	¥720.0	
11	101010	林志强	¥8,000.0	0	¥0.0	

=IF(C2<50000,C2*D2,C2*D2+500)

8.5.4 重点：使用查找与引用函数计算个人所得税

依据个人收入的不同，个人所得税实行阶梯式的征收方式，因此直接计算起来比较复杂。在 Excel 中，这类问题可以使用查找和引用函数来解决，具体操作步骤如下。

1. 计算应发工资

第1步 切换至"工资表"工作表，选中 F2 单元格。在单元格中输入公式"=员工基本信息!D2-员工基本信息!E2+工资表!E2+销售奖金表!E2"，如下图所示。

	A	B	C	D	E	F	G
	编号	员工编号	员工姓名	工龄	工龄工资	应发工资	个人所
2	1	101001	李晓明	12	¥1= 员工基本信息!D2-员工基本信息!E2+工资表!E2+销售奖金表!E2		
3	2	101002	王芳	10	¥1,000.0		
4	3	101003	张伟	8	¥800.0		
5	4	101004	赵丽娜	8	¥800.0		
6	5	101005	陈大明	6	¥600.0		
7	6	101006	杨超	3	¥300.0		
8	7	101007	吴磊	3	¥300.0		
9	8	101008	郑婷婷	1	¥100.0		
10	9	101009	朱小华	1	¥100.0		
11	10	101010	林志强	0	¥0.0		

=员工基本信息!D2-员工基本信息!E2+工资表!E2+销售奖金表!E2

第2步 按【Enter】键确认，即可计算出应发工资数目，如下图所示。

	A	B	C	D	E	F	G
	编号	员工编号	员工姓名	工龄	工龄工资	应发工资	
2	1	101001	李晓明	12	¥1,200.0	¥14,455.0	
3	2	101002	王芳	10	¥1,000.0		
4	3	101003	张伟	8	¥800.0		
5	4	101004	赵丽娜	8	¥800.0		
6	5	101005	陈大明	6	¥600.0		
7	6	101006	杨超	3	¥300.0		
8	7	101007	吴磊	3	¥300.0		
9	8	101008	郑婷婷	1	¥100.0		
10	9	101009	朱小华	1	¥100.0		
11	10	101010	林志强	0	¥0.0		

=员工基本信息!D2-员工基本信息!E2+工资表!E2+销售奖金表!E2

第3步 使用快速填充功能得出其他员工应发工资数目，如下图所示。

	A	B	C	D	E	F	G
	编号	员工编号	员工姓名	工龄	工龄工资	应发工资	
2	1	101001	李晓明	12	¥1,200.0	¥14,455.0	
3	2	101002	王芳	10	¥1,000.0	¥10,958.0	
4	3	101003	张伟	8	¥800.0	¥16,131.0	
5	4	101004	赵丽娜	8	¥800.0	¥11,708.0	
6	5	101005	陈大明	6	¥600.0	¥10,885.0	
7	6	101006	杨超	3	¥300.0	¥13,838.0	
8	7	101007	吴磊	3	¥300.0	¥5,960.0	
9	8	101008	郑婷婷	1	¥100.0	¥5,862.0	
10	9	101009	朱小华	1	¥100.0	¥4,024.0	
11	10	101010	林志强	0	¥0.0	¥2,848.0	

平均值：¥9,666.9 计数：10 最小值：¥2,848.0 最大值：¥16,131.0 求和：¥96,669.0

2. 计算个人所得税数额

第1步 计算员工"李晓明"的个人所得税数额，选中 G2 单元格。在单元格中输入公式"=VLOOKUP(B2,个人所得税表!$A$3:$C$12,

3,0)",如下图所示。

第2步 按【Enter】键,即可得出员工"李晓明"应缴纳的个人所得税数额,如下图所示。

提示

公式"=VLOOKUP(B2,个人所得税表!$A$3:$C$12,3,0)"是指在"个人所得税表"工作表的A3:C12单元格区域查找B2单元格的值,0表示精确查找。

第3步 使用快速填充功能填充其他单元格,计算出其他员工应缴纳的个人所得税数额,如下图所示。

8.5.5 重点:使用统计函数计算个人实发工资和最高销售额

统计函数作为专门进行统计分析的函数,可以很快地在工作表中找到相应数据。

1. 计算个人实发工资

企业职工工资明细表中最重要的一项就是员工的实发工资。计算实发工资的方法很简单,具体操作步骤如下。

第1步 单击H2单元格,输入公式"=F2-G2",按【Enter】键确认,即可得出员工"李晓明"的实发工资数目,如下图所示。

第2步 使用填充功能将公式填充到其他单元格,得出其他员工实发工资,如下图所示。

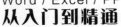

2. 计算最高销售额

公司会对业绩突出的员工进行表彰，因此需要在众多销售数据中找出最高销售额以及对应的员工，具体操作步骤如下。

第1步 选择"销售奖金表"工作表，选中G3单元格，单击编辑栏左侧的【插入函数】按钮f_x，如下图所示。

第2步 弹出【插入函数】对话框，在【选择函数】列表框中选择【MAX】函数，单击【确定】按钮，如下图所示。

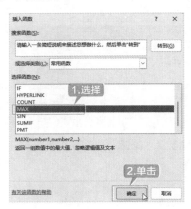

第3步 弹出【函数参数】对话框，在【Number1】文本框中输入"销售额"，单击【确定】按钮，如下图所示。

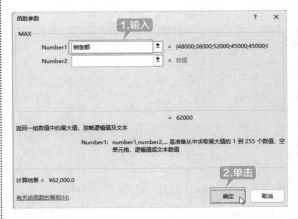

第4步 找出最高销售额并显示在G3单元格内，如下图所示。

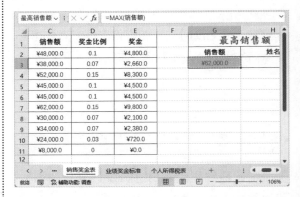

第5步 选中H3单元格，输入公式"=INDEX(B2:B11,MATCH(G3,C2:C11,))"，如下图所示。

第6步 单击【Enter】按钮，显示最高销售额对应的职工姓名，如下图所示。

| 提示 |

公式 "=INDEX(B2:B11,MATCH(G3,C2: C11,))" 的含义为 G3 的值与 C2:C11 单元格区域的值匹配时，返回 B2:B11 单元格区域中对应的值。

8.6 使用 VLOOKUP、COLUMN 函数批量制作工资条

工资条是发放给员工的工资凭证，可以使员工了解自己工资的详细发放情况。制作工资条的步骤如下。

第1步 新建工作表，并将其命名为"工资条"，选中"工资条"工作表中的 A1:H1 单元格区域，将其合并。然后输入"员工工资条"，并设置其【字体】为"等线"，【字号】为"20"，效果如下图所示。

第2步 在 A2:H2 单元格区域输入如下图所示的文字，并设置【加粗】效果。在 A3 单元格内输入序号"1"，适当调整列宽，并将所有单元格的【对齐方式】设置为"居中对齐"。然后在 B3 单元格内输入公式"=VLOOKUP($A3,工资表!$A$2:$H$11,COLUMN(),0)"，如下图所示。

| 提示 |

公式 "=VLOOKUP($A3,工资表!$A$2:$H$11, COLUMN(),0)" 是指在工资表的 A2:H11 单元格区域查找 A3 单元格的值。其中函数 COLUMN() 用来计数，0 表示精确查找。

第3步 按【Enter】键确认，即可引用员工编号至单元格内，如下图所示。

第4步 使用快速填充功能将公式填充至 C3:H3 单元格区域内，即可引用其他项目至对应单元格内，如下图所示。

第5步 选中 A2:H3 单元格区域，单击【字体】组中【边框】右侧的下拉按钮 田，在弹出的下拉列表中选择【所有框线】选项，为所选单元格区域添加框线，并设置单元格区域居中显示，效果如下图所示。

序号	员工编号	员工姓名	工龄	工龄工资	应发工资	个人所得税	实发工资
1	101001	李晓明	12	1200	14455	735.5	13719.5

第6步 选中A2:H4单元格区域，将光标放置在H4单元格框线右下角，待光标变为 ➕ 形状时，按住鼠标左键拖动光标至H31单元格，即可自动填充其他企业员工的工资条，最后根据需要调整列宽即可，效果如下图所示。

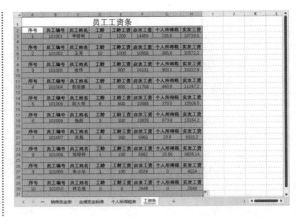

至此，企业员工工资明细表就制作完成了。

举一
反三

制作开支凭证明细查询表

公司年度开支凭证明细查询表是对公司一年内费用支出的归纳和汇总，工作表内包含多个项目的开支情况。对年度开支情况进行详细的处理和分析不仅有利于对公司本阶段工作的总结，还能更好地做出下一阶段的规划。年度开支凭证明细表数据繁多，需要使用多个函数进行处理，可以按照以下几个步骤进行。

1. 计算工资支出

使用求和函数对"工资支出"工作表中每个月份的工资数目进行汇总，以便分析公司每月的工资发放情况，如下图所示。

	A	B	C	D	E	F	G	H
1	月份	张XX	王XX	李XX	马XX	胡XX	吕XX	工资支出
2	1月	¥5,000.00	¥5,500.00	¥6,000.00	¥5,800.00	¥6,200.00	¥7,200.00	¥35,700.00
3	2月	¥6,200.00	¥5,500.00	¥6,200.00	¥5,500.00	¥6,200.00	¥7,200.00	¥36,800.00
4	3月	¥6,200.00	¥5,800.00	¥5,800.00	¥5,500.00	¥6,200.00	¥7,200.00	¥36,700.00
5	4月	¥6,200.00	¥5,800.00	¥5,800.00	¥5,800.00	¥6,200.00	¥5,800.00	¥35,600.00
6	5月	¥5,000.00	¥5,800.00	¥6,000.00	¥5,800.00	¥6,200.00	¥5,800.00	¥34,600.00
7	6月	¥5,500.00	¥5,800.00	¥6,000.00	¥5,800.00	¥6,200.00	¥5,800.00	¥35,100.00
8	7月	¥5,000.00	¥7,200.00	¥6,200.00	¥5,800.00	¥5,800.00	¥5,800.00	¥35,800.00
9	8月	¥5,800.00	¥5,800.00	¥7,200.00	¥5,800.00	¥5,800.00	¥6,000.00	¥35,700.00
10	9月	¥5,800.00	¥5,500.00	¥7,200.00	¥5,800.00	¥5,800.00	¥5,800.00	¥36,500.00
11	10月	¥5,800.00	¥5,500.00	¥6,000.00	¥5,500.00	¥5,800.00	¥5,800.00	¥35,800.00
12	11月	¥5,800.00	¥5,500.00	¥6,000.00	¥5,800.00	¥6,200.00	¥7,200.00	¥36,500.00
13	12月	¥5,800.00	¥5,500.00	¥6,000.00	¥5,800.00	¥6,200.00	¥7,200.00	¥36,500.00
14								

H2 = SUM(B2:G2)

2. 调用工资支出工作表数据

使用VLOOKUP函数调用"工资支出"工作表中的数据，完成对"开支凭证明细查询表"工作表中工资发放情况的统计，如下图所示。

	A	B	C	D	E	F	G	H	I
1	月份	工资支出	招待费用	差旅费用	公车费用	办公用品费用	员工福利费用	房租费用	其他
2	1月	¥35,700.0							
3	2月	¥36,800.0							
4	3月	¥36,700.0							
5	4月	¥35,600.0							
6	5月	¥34,600.0							
7	6月	¥35,100.0							
8	7月	¥35,800.0							
9	8月	¥35,700.0							
10	9月	¥36,500.0							
11	10月	¥35,800.0							
12	11月	¥36,500.0							
13	12月	¥36,500.0							
14									

B2 = IF(A2="","",VLOOKUP(A2,工资支出!A$2:H$13,8,0))

3. 调用其他支出

使用VLOOKUP函数调用"其他支出"工作表中的数据，完成对"开支凭证明细查询表"中其他项目开支情况的统计，如下图所示。

4. 统计每月支出

使用求和函数对每个月的支出情况进行汇总，得出每月的总支出，如下图所示。

至此，公司年度开支凭证明细查询表制作完成。

◇ 通过AI快人一步，高效运用函数

Excel函数的学习难点在于其语法复杂、参数多变，初学者难以理解和记忆；应用场景多样，需要经验积累；错误分析和调试困难；对案例的掌握需要大量实践。通过使用AI技术，我们可以快速掌握Excel函数的基本概念、语法规则、应用场景等方面的知识，从而提高学习效率。

（1）已知函数，问用法。

打开AI模型后，直接输入某个函数的名称，即可了解该函数的用法及使用示例。

第1步 打开文心一言，输入指令，单击【发送信息】按钮 ✈，如下图所示。

第2步 文心一言根据指令生成相关函数的解释及用法，如下图所示。

（2）根据目的，问用什么函数。

如果知道要计算的某个数值，但不知道用什么函数，可以向AI提问。

第1步 打开文心一言，输入指令，单击【发送信息】按钮 ✈，如下图所示。

第2步 文心一言根据指令生成相关函数的解释及用法，如下图所示。

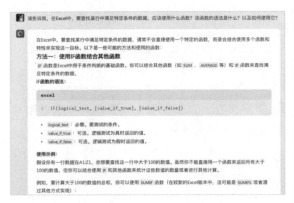

◇ AI解读公式，数据处理更高效

对于不熟悉Excel公式或需要快速理解公式意义的用户来说，通过AI解读公式，可以更加高效地处理数据，提高工作效率，减少出错的可能性。

第1步 打开文心一言，输入指令，单击【发送信息】按钮，如下图所示。

第2步 文心一言根据指令解释该函数的用法，如下图所示。

第3步 如果还想了解该函数的具体使用方法，可以继续提问，如下图所示。

第4步 文心一言根据指令进行回复，如下图所示。

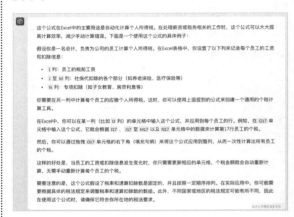

◇ 用AI智能编写Excel公式

在使用Excel的过程中，如果表格数据复杂且不确定采用何种公式，那么可以向AI求助。AI能够依据用户提供的信息及需求，为用户推荐合适的公式，从而提高工作效率。

例如，下图为工资表，需要计算出"市场部"所有员工的工资总和，但是不知道使用什么函数。

	A	B	C	D	E	F	G	H	I
1	员工工号	姓名	部门	实发工资		选择部门	工资总和		
2	1	张三	研发部	5000		市场部			
3	2	李四	研发部	6500					
4	3	王五	研发部	4800					
5	4	赵六	销售部	5500					
6	5	孙七	行政部	7000					
7	6	周八	市场部	6200					
8	7	吴九	销售部	5300					
9	8	郑十	行政部	7500					
10	9	陈十一	销售部	5700					
11	10	郭十二	市场部	6800					
12	11	高十三	行政部	7200					
13	12	何十四	研发部	5100					
14	13	胡十五	销售部	5600					
15	14	罗十六	市场部	6400					
16	15	邵十七	研发部	4900					
17	16	汪十八	销售部	7100					
18	17	祁十九	销售部	5800					
19	18	钱二十	市场部	6300					
20	19	严廿一	研发部	5200					
21	20	蠡廿二	行政部	7400					

第1步 打开文心一言，输入指令，单击【发送信息】按钮，如下图所示

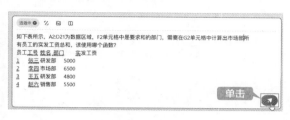

提示

如果数据量不大还可以通过截图形式上传图片给AI模型进行提问；如果数据量大，可以上传文件进行提问。

第2步 AI会根据指令生成内容，如下图所示。

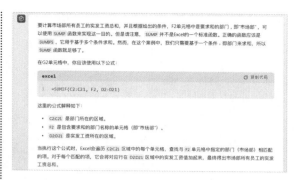

第3步 将公式复制至Excel编辑栏中，确认输入，即可看到计算结果，如下图所示。

员工工号	姓名	部门	实发工资		选择部门	工资总和	
1	张三	研发部	5000		市场部	19500	
2	李四	市场部	6500				
3	王五	研发部	4800				
4	赵六	销售部	5500				
5	孙七	行政部	7000				
6	周八	市场部	6200				
7	吴九	研发部	5300				
8	郑十	行政部	7500				
9	陈十一	销售部	5700				
10	郭十二	市场部	6800				
11	高十三	行政部	7200				
12	何十四	研发部	5100				
13	胡十五	销售部	5600				
14	罗十六	市场部	6400				

G2 单元格公式：=SUMIF(C2:C21, F2, D2:D21)

第**3**篇

PPT 办公应用篇

本篇主要介绍 PPT 中的各种操作，通过对本篇的学习，读者可以掌握 PPT 的基本操作、动画和多媒体的应用及放映幻灯片的操作等。

第 9 章　PowerPoint 的基本操作

第 10 章　动画和多媒体的应用

第 11 章　放映幻灯片

第9章

PowerPoint 的基本操作

📃 本章导读

　　演示文稿（PowerPoint，又称PPT）中包含文字、图片和表格，如个人述职报告演示文稿、公司管理培训演示文稿、论文答辩演示文稿、产品营销推广方案演示文稿等。借助PowerPoint这一强大工具，我们可以为演示文稿应用主题、设置格式化文本、图文混排、添加数据表格、插入艺术字等。本章以制作个人述职报告PPT为例，介绍PPT的基本操作。

🧭 思维导图

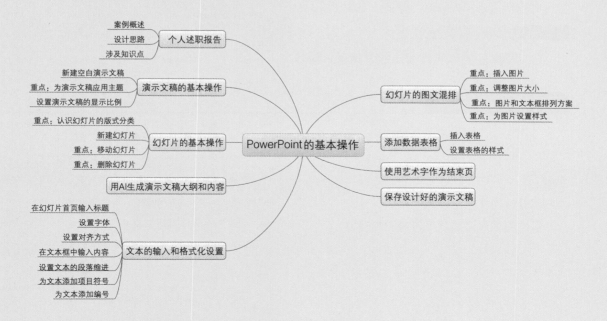

9.1 个人述职报告

制作个人述职报告要做到表述清楚、内容客观、重点突出、个性鲜明，便于上级和下属了解工作情况。

9.1.1 案例概述

述职报告是指各级工作人员向上级、主管部门和下属员工陈述任职情况，包括履行岗位职责、完成工作任务的情况、存在问题以及对以后的设想等，进行自我回顾、评估、鉴定的书面报告。

述职报告是任职者陈述个人的任职情况、评议个人的任职能力、接受上级领导考核和群众监督的一种应用文，具有汇报性、总结性和理论性的特点。

述职报告从时间上分为任期述职报告、年度述职报告、临时述职报告等；从范围上分为个人述职报告、集体述职报告等。本章以制作个人述职报告为例，介绍PPT的基本操作。

制作个人述职报告时，需要注意以下几点。

1. 清楚述职报告的作用

（1）要围绕岗位职责和工作目标来讲述自己的工作。

（2）要展现个人在团队或项目中的独特贡献与影响力，体现个人的能力和价值。

2. 内容客观、重点突出

（1）述职报告要强调个人部分，讲究摆事实、讲道理，以叙述说明为主，不能旁征博引。

（2）述职报告要写事实，对收集的数据、材料等进行认真的归类、整理、分析和研究。

（3）述职报告的内容应当通俗易懂。

（4）述职报告是工作业绩考核、评价、晋升的重要依据。述职者一定要真实客观地陈述，力求全面、真实、准确地反映述职者在所在岗位任职的情况。对成绩和不足，既不要夸大，也不要一笔带过。

9.1.2 设计思路

制作个人述职报告时可以按以下思路进行。

（1）新建空白演示文稿，为演示文稿应用主题。

（2）设置文本与段落的格式。

（3）为文本添加项目符号和编号。

（4）插入图片并设置图文混排。

（5）添加数据表格，并设置表格的样式。

（6）插入艺术字作为结束页，并更改艺术字样式，保存演示文稿。

9.1.3 涉及知识点

本案例主要涉及以下知识点。

（1）为演示文稿应用主题并设置显示比例。

（2）输入文本并设置段落格式。

（3）添加项目符号和编号。

（4）设置幻灯片的图文混排。

（5）添加数据表格。

（6）插入艺术字。

9.2 演示文稿的基本操作

在制作个人述职报告时，首先要新建空白演示文稿，并为演示文稿应用主题，以及设置演示文稿的显示比例。

9.2.1 新建空白演示文稿

启动PowerPoint软件之后，PowerPoint会提示创建什么样的PPT演示文稿，并提供模板供用户选择，单击【空白演示文稿】图标，即可创建一个空白演示文稿，具体操作步骤如下。

第1步 启动PowerPoint，弹出PowerPoint界面，单击【空白演示文稿】图标，如下图所示。

第2步 新建空白演示文稿，如下图所示。

9.2.2 重点：为演示文稿应用主题

新建空白演示文稿后，可以为演示文稿应用主题，来满足个人述职报告的格式要求。

PowerPoint内置了多种主题，用户可以根据需要使用这些主题，具体操作步骤如下。

第1步 单击【设计】选项卡下【主题】组右侧的【其他】按钮，在弹出的主题样式列表中任选一种样式，如选择【丝状】主题，如下图所示。

果如下图所示。

第2步 主题即可应用到幻灯片中，设置后的效

9.2.3 设置演示文稿的显示比例

在PowerPoint演示文稿中，一般有4:3与16:9两种显示比例，默认的显示比例为16:9，用户可以自定义幻灯片页面的大小来满足演示文稿的设计需求。设置演示文稿的显示比例的具体操作步骤如下。

第1步 单击【设计】选项卡下【自定义】组中的【幻灯片大小】按钮，在弹出的下拉列表中选择【自定义幻灯片大小】选项，如下图所示。

第2步 在弹出的【幻灯片大小】对话框中单击【幻灯片大小】文本框右侧的下拉按钮，在弹出的下拉列表中选择【全屏显示（16:10）】选项，然后单击【确定】按钮，如下图所示。

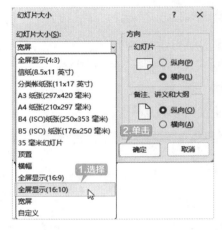

第3步 在弹出的【Microsoft PowerPoint】对话框中单击【最大化】按钮，如下图所示。

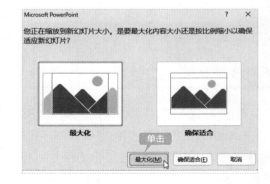

第4步 在演示文稿中可以看到设置后的效果，如下图所示。

9.3 幻灯片的基本操作

使用PowerPoint制作述职报告时要先掌握幻灯片的基本操作。

9.3.1 重点：认识幻灯片的版式分类

在使用PowerPoint制作幻灯片时，经常需要更改幻灯片的版式，来满足不同样式的需要，具体操作步骤如下。

第1步 新建演示文稿后，会自动新建一张幻灯片页面，此时的幻灯片版式为"标题幻灯片"，如下图所示。

第2步 单击【开始】选项卡下【幻灯片】组中的【版式】下拉按钮 ，在弹出的面板中可以看

到【标题幻灯片】【标题和内容】【节标题】【两栏内容】等16种版式，如下图所示。

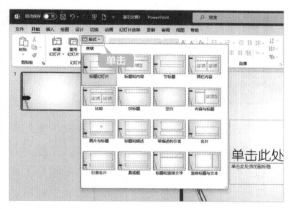

| 提示 |

每种主题所包含的版式数量不等，主题样式及占位符各不相同，用户可以根据需要选择要创建或更改的幻灯片版式，从而制作出符合要求的PPT。

9.3.2 新建幻灯片

新建空白演示文稿之后，默认情况下仅包含一张幻灯片页面，用户可以根据需要新建幻灯片，具体操作步骤如下。

第1步 单击【开始】选项卡下【幻灯片】组中的【新建幻灯片】下拉按钮，在弹出的列表中选择【标题和内容】选项，如下图所示。

第2步 新建的幻灯片会显示在左侧的幻灯片窗格中，如下图所示。

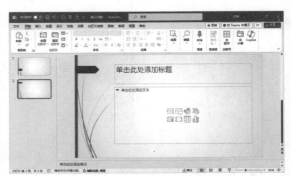

另外，在幻灯片窗格中右击，在弹出的快捷菜单中选择【新建幻灯片】选项，也可以新建幻灯片页面，如下图所示。

9.3.3 重点：移动幻灯片

用户可以通过移动幻灯片的方法改变幻灯片的位置，单击需要移动的幻灯片并按住鼠标左键，拖曳幻灯片至目标位置，松开鼠标左键即可，如下图所示。此外，通过剪切并粘贴的方式也可以移动幻灯片。

9.3.4 重点：删除幻灯片

删除幻灯片的常见方法有两种，用户可以根据使用习惯自主选择。

最便捷的方法：【Delete】键

在幻灯片窗格中选择要删除的幻灯片，按【Delete】键，即可将其删除。

最常用的方法：使用鼠标右键

选择要删除的幻灯片并右击，在弹出的快捷菜单中选择【删除幻灯片】选项，即可删除选择的幻灯片，如下图所示。

9.4 用 AI 生成演示文稿大纲和内容

在制作演示文稿时，借助 AI 不仅能够提升文本的质量，还能够显著提高制作效率。在使用 AI 模型辅助制作演示文稿时，建议首先生成大纲框架，然后再结合已有的资料及数据，生成幻灯片页面的具体内容，这样更高效，也更易满足需求。下面以"文心一言"为例，介绍具体操作步骤。

1. 构建大纲

第1步 打开文心一言，在输入框中输入指令，单击【发送信息】按钮 ✈，如下图所示。

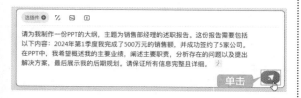

> **提示** :::::::::
>
> 在生成演示文稿时，还可以借助 AI 模型中"百宝箱"类的工具，通过搜索关键词找到相关的预设指令，以获得更精准的回复，如下图所示。

第2步 文心一言根据指令生成内容，如下图所示。用户可以对生成的内容进行审阅，如果对答案不满意，可以发送指令修正和完善大纲。

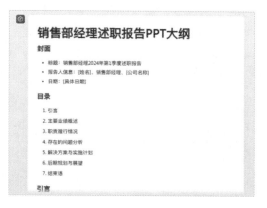

2. 完善内容

第1步 在输入框中输入指令，单击【发送信息】按钮 ✈，如下图所示。

请为我撰写一个PPT引言部分，内容需涵盖我自担任销售部经理以来，实施"拓客增源，提质增效"方针所取得的显著成绩。具体来说，在2024年第1季度，我们实现了500万元的销售额，超额完成了季度任务。此段引言还需包含通过报告总结这些成绩、查找不足之处，并以此作为下一季度打下坚实基础的准备工作。请确保字数控制在200字以内。

单击

第2步 文心一言会生成引言部分，如下图所示。

自担任销售部经理以来，我始终秉承"拓客增源，提质增效"的方针，引领团队不断前行。在2024年第1季度，我们实现了500万元的销售额，超额完成了季度任务，成绩显著。今天，我通过这份述职报告，旨在总结这些成绩，分享我们的经验，同时深入查找存在的不足，并提出切实可行的改进措施。我们坚信，只有不断总结与反思，才能为下一季度的工作打下更加坚实的基础，推动销售业绩再上新台阶。

第3步 生成引言后，可以结合自己的情况对内容进行调整，然后将其粘贴至输入框，让文心一言会进行润色，确保其通顺与准确，单击【发送信息】按钮，如下图所示。

"我叫张小小，于2023年担任销售部经理，我们始终秉承'拓客增源，提质增效'的方针，倾力拓宽获客途径，创新营销策略，深掘市场潜能，实现客户结构优化与基数扩容。在刚刚过去的2024年第1季度，我们实现了500万元的销售额，超额完成了季度任务，成绩显著。今天，我通过这份述职报告，旨在总结这些成绩，分享我们的经验，同时查找存在的不足，并提出切实可行的改进措施。我们坚信，只有不断总结与反思，才能为下一季度的工作打下更加坚实的基础，推动销售业绩再上新台阶。关于我的述职报告引言，您有什么建议或反馈吗？请帮我润色这段话"

单击

第4步 文心一言会根据新指令对内容进行完善和修改，如下图所示。用户可以使用同样的方法完成其他幻灯片的内容制作，这里不再赘述。

您的引言已经很好地概括了您在担任销售部经理期间的工作理念、成果及本次报告的目的。为了让这段引言更加精练、流畅，我为您进行了如下润色：

我叫张小小，自2023年担任销售部经理以来，始终秉承"拓客增源，提质增效"的核心理念，积极拓展获客渠道，创新营销策略，深度挖掘市场潜力，实现了客户结构的优化与基数的稳步增长。在2024年第1季度，我们旧队取得了令人瞩目的成绩，销售额突破500万元，超额完成季度任务。今天，我通过这份述职报告，旨在全面总结这些成绩，分享我们的成功经验，同时深入剖析存在的不足，并提出具体的改进措施。我们深知，只有不断总结与反思，才能为下一季度工作赢得坚实的基础，推动销售业绩持续攀升。

这段引言更加简洁洁明了，同时保留了您原意中的关键信息，希望对您有所帮助。

9.5 文本的输入和格式化设置

在幻灯片中可以输入文本，并对文本进行字体、颜色、对齐方式、段落缩进等格式化设置。

9.5.1 在幻灯片首页输入标题

在幻灯片中，【文本占位符】的位置是固定的，用户可以在其中输入文本，具体操作步骤如下。

第1步 选择第1张幻灯片，单击标题文本占位符内的任意位置，输入标题文本"述职报告"，效果如下图所示。

第2步 选择副标题文本框，输入文本报告人和日期信息，如下图所示。

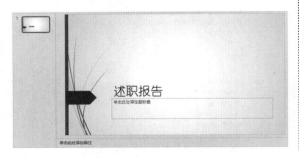

9.5.2 设置字体

PowerPoint中的字体设置与Word相似，用户可根据需求调整字体、字号、颜色及效果等，具体操作步骤如下。

第1步 选中第1张幻灯片页面中需要修改字体的文本内容，单击【开始】选项卡下【字体】组中的【字体】下拉按钮∨，在弹出的下拉列表中选择一种字体，如下图所示。

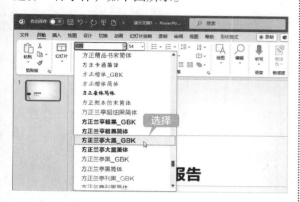

第2步 单击【开始】选项卡下【字体】组中的【字号】下拉按钮∨，在弹出的下拉列表中选择一种字号，如下图所示。

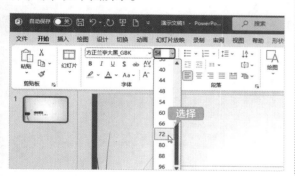

第3步 单击【开始】选项卡下【字体】组中的【字体颜色】下拉按钮△∨，在弹出的下拉列表中选择一种颜色，如下图所示。

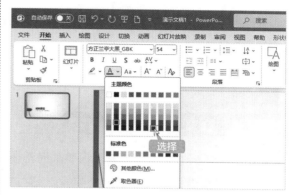

第4步 使用同样的方法设置副标题的字体，效果如下图所示。

9.5.3 设置对齐方式

段落对齐方式包括左对齐、右对齐、居中对齐、两端对齐和分散对齐等。与 Word 不同，这里的对齐是基于文本框的对齐。例如，在幻灯片中设置居中对齐，实际上是在文本框中实现居中对齐。若追求页面上的对齐效果，可以通过调整文本框的位置和大小，来达到满意的效果。

第1步 选择需要设置对齐方式的标题段落，单击【开始】选项卡下【段落】组中的【居中对齐】

按钮，如下图所示。

第2步 先将标题文本设置为"居中对齐",然后设置副标题的对齐方式,效果如下图所示。

9.5.4 在文本框中输入内容

在演示文稿的文本框中输入内容来完善述职报告,具体操作步骤如下。

第1步 新建一张标题和内容幻灯片,在标题文本框中输入"引言",如下图所示。

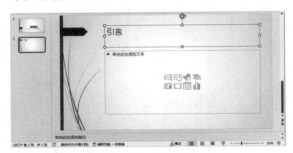

第2步 在内容文本框中输入相应文本,如下图所示。

第3步 将光标定位至段落最前面,删除项目符号,如下图所示。

第4步 重复上面的操作步骤,新建"一、主要业绩"幻灯片,并输入文本内容,如下图所示。

第5步 重复上面的操作步骤,新建"二、职责情况"幻灯片,输入文本内容,如下图所示。

第6步 重复上面的操作步骤，新建"三、存在问题分析"幻灯片，输入文本内容，如下图所示。

第7步 重复上面的操作步骤，新建"四、解决方案"幻灯片，输入文本内容，如下图所示。

第8步 新建"五、团队建设"和"六、后期计划"幻灯片，并输入文本内容，如下图所示。

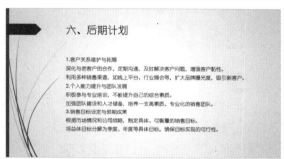

9.5.5 设置文本的段落缩进

段落缩进是指段落中的行相对于页面左边界或右边界的位置。段落缩进的方式有首行缩进、文本之前缩进和悬挂缩进3种。设置段落缩进的具体操作步骤如下。

第1步 选择第2张幻灯片，将光标定位在要设置缩进的段落中，单击【开始】选项卡下【段落】组右下角的【段落】按钮，如下图所示。

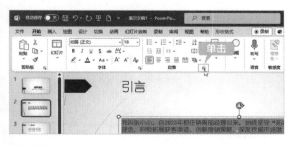

第2步 弹出【段落】对话框，在【缩进和间距】

选项卡下【缩进】选项区域中单击【特殊】右侧的下拉按钮，在弹出的下拉列表中选择【首行】选项，并设置度量值为"1.27厘米"，如下图所示。

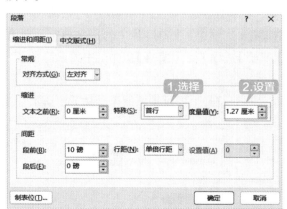

| 提示 |

　　PowerPoint中的段落缩进通常以"厘米"为单位，无法直接设置字符数。如需实现首行缩进2个字符的效果，请根据实际字体和字号，适当调整缩进厘米数。建议多次尝试并观察效果，以达到满意的效果。

第3步 在【间距】选项区域中单击【行距】右侧的下拉按钮，在弹出的下拉列表中选择【1.5倍行距】选项，单击【确定】按钮，如下图所示。

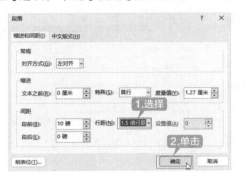

9.5.6　为文本添加项目符号

　　添加项目符号和编号可以使文本变得层次分明，易于阅读。项目符号就是在一些段落的前面加上完全相同的符号，具体操作步骤如下。

基本的方法：通过【项目符号】按钮

第1步 选中第3张幻灯片中的正文内容，单击【开始】选项卡下【段落】组中的【项目符号】下拉按钮，在弹出的下拉列表中将光标放置在某个项目符号上即可预览效果，如下图所示。

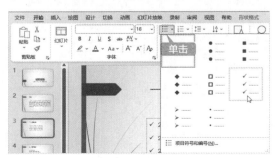

第4步 设置后的效果如下图所示。

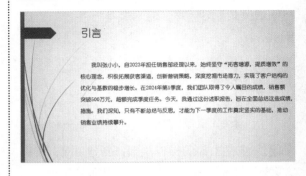

| 提示 |

　　因为上述文本采取了左对齐的排版方式，所以右侧的文本并未呈现出对齐的效果。针对大段文本，可以根据实际需求采用"两端对齐"的排版方式，从而实现文本的左右两侧均保持对齐。

第5步 重复上述操作步骤，设置其他幻灯片页面的字体和段落格式，这里不再赘述。

| 提示 |

　　在下拉列表中选择【项目符号和编号】选项，即可打开【项目符号和编号】对话框，单击【自定义】按钮，如下图所示，在打开的【符号】对话框中即可选择其他符号作为项目符号。

第2步 选择一种项目符号类型，即可将其应用至选择的段落内，如下图所示。

快捷方法：右键菜单

选中要添加项目符号的文本内容并右击，在弹出的快捷菜单中选择【项目符号】选项，在

其子菜单中选择一种项目符号样式，即可为文本添加项目符号，如下图所示。

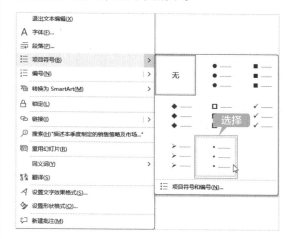

9.5.7 为文本添加编号

编号可以为文本中的行或段落进行标号和排序，添加编号的具体操作步骤如下。

基本方法：通过【编号】按钮

第1步 在幻灯片页面中选择要添加编号的文本，单击【开始】选项卡下【段落】组中的【编号】下拉按钮 ≡ ，在弹出的下拉列表中选择编号的样式，如下图所示。

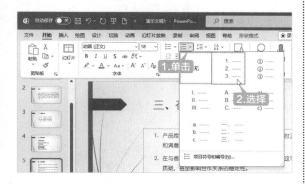

第2步 选择编号样式后即可添加编号，如下图所示。

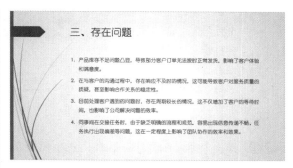

快捷方法：右键菜单

选中要添加编号的文本内容并右击，在弹出的快捷菜单中选择【编号】选项，在其子菜单中选择一种样式，即可快速应用该编号，如下图所示。

在掌握了添加项目符号和编号的方法后，即可根据需要为演示文稿中的其他文本内容添加项目符号和编号，这里不再赘述。

9.6 幻灯片的图文混排

在制作个人述职报告时插入合适的图片，并根据需要调整图片的大小，为图片设置样式与艺术效果，可以达到图文并茂的效果。

9.6.1 重点：插入图片

在制作述职报告时，插入合适的图片，可以对文本进行说明或强调，具体操作步骤如下。

第1步 选择第3张幻灯片，单击【插入】选项卡下的【图片】下拉按钮，选择【此设备】选项，如下图所示。

第2步 弹出【插入图片】对话框，选中需要的图片，单击【插入】按钮，如下图所示。

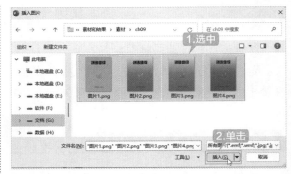

第3步 将图片插入幻灯片中，如下图所示。

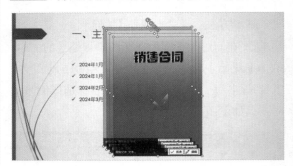

9.6.2 重点：调整图片大小

在述职报告中，需要调整图片的大小以适应幻灯片的页面，具体操作步骤如下。

第1步 同时选中演示文稿中的所有图片，把光标放在任意一张图片角的控制点上，按住鼠标左键并拖曳，如下图所示。

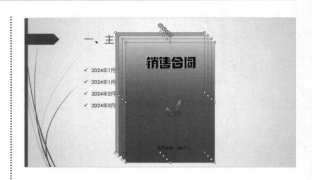

| 提示 |

在【图片格式】选项卡的【大小】组中单击【形状高度】和【形状宽度】后的微调按钮或直接输入数值，可以精确调整图片的大小。

第2步 调整图片的大小，如下图所示。

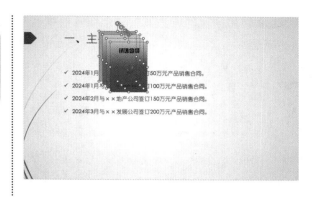

| 提示 |

在编辑幻灯片时，首先，将图片调整为适宜的尺寸，接着进行图文混排，最后根据实际需求判断是否需要进一步调整。

9.6.3 重点：图片和文本框排列方案

在个人述职报告中插入图片后，选择合适的图片和文本框排列方案，可以使个人述职报告看起来更美观和整洁，具体操作步骤如下。

第1步 选择要插入的图片，按住鼠标左键将其拖曳至目标位置，如下图所示。

| 提示 |

在演示文稿中调整图片、形状等元素时，对齐辅助线会实时显现，这些线条的作用在于协助用户更精确地定位图片、形状或其他元素，实现元素间的整齐排列和合理布局。通过展示这些虚拟线，有助于提高用户对元素和布局的控制精度。

第2步 拖曳第2张图片，可以看到辅助线，用户可参考辅助线进行对齐排列操作，如下图所示。

| 提示 |

还可以通过单击【图片格式】选项下【排列】组中的【对齐】下拉按钮，进行对齐操作，如下图所示。

第3步 使用同样的方法调整其他图片的排列，如下图所示。

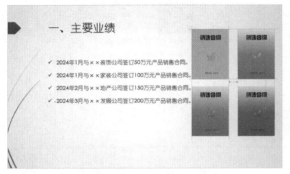

第4步 调整文本框位置，并适当调整图片大小和位置，效果如下图所示。

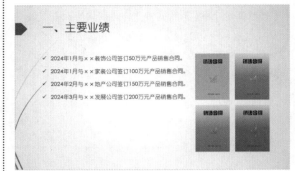

9.6.4 重点：为图片设置样式

可以为插入的图片设置边框、图片效果等样式，使述职报告更加美观，具体操作步骤如下。

第1步 按住【Ctrl】键或拖曳框选插入的图片，单击【图片格式】选项卡下【图片样式】组中的 ▽ 按钮，弹出的下拉列表中预设了多种图片样式，可以根据需求选择要应用的样式，如下图所示。

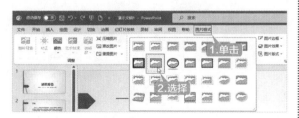

第2步 改变图片样式后的效果如下图所示。

如果列表中没有想要的样式，可以自行设置图片边框和图片效果，按【Ctrl+Z】组合键撤销前面应用的图片样式，执行以下步骤。

第1步 单击【图片格式】选项卡下【图片样式】组中的【图片边框】下拉按钮 图片边框 ~，在主题颜色列表中选择一种颜色，如这里选择【白色】，如下图所示。

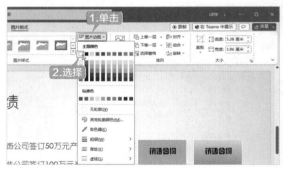

第2步 单击【图片边框】下拉按钮 图片边框 ~，选择【粗细】选项，在其子菜单中选择粗细值，如这里选择【2.25磅】选项，如下图所示。

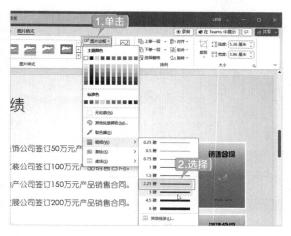

组中的【图片效果】下拉按钮，在弹出的下拉列表中选择图片效果，这里选择【阴影】→【偏移：左下】选项，如下图所示。

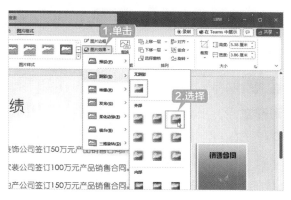

第3步 为图片添加边框效果，如下图所示。

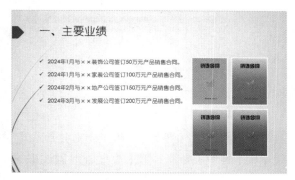

第4步 单击【图片格式】选项卡下【图片样式】

第6步 设置效果，如下图所示。

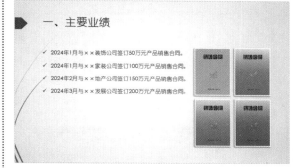

9.7 添加数据表格

既可以在 PowerPoint 中插入表格，使述职报告要传达的信息更加简单明了，还可以为插入的表格设置表格样式。

9.7.1 插入表格

在 PowerPoint 中，插入表格的方式有通过插入功能创建表格、手动绘制表格、单击【插入表格】按钮及从 Excel 中复制粘贴四种。下面将详细讲解在版式中单击【插入表格】按钮来插入表格的操作步骤。

第1步 单击幻灯片版式中的【插入表格】按钮，如下图所示。

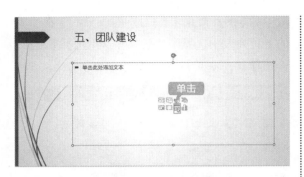

第2步 在弹出的【插入表格】对话框中设置列数和行数，单击【确定】按钮，如下图所示。

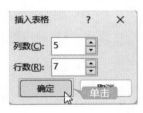

第3步 在幻灯片中创建所选行列数的表格，如下图所示。

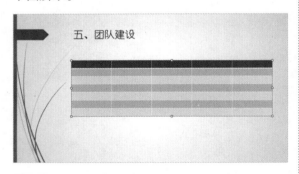

第4步 在表格中输入数据，如下图所示。

第5步 选中第1行第2列至第5列的单元格，单击【布局】选项卡下【合并】组中的【合并单元格】按钮，如下图所示。

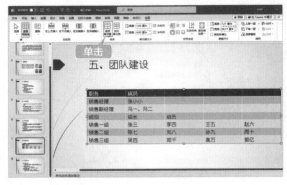

第6步 合并选中的单元格，如下图所示。

第7步 分别单击【布局】选项卡下【对齐方式】组中的【居中】按钮 ≡ 和【垂直居中】按钮 ⊟，即可使文字居中显示，如下图所示。

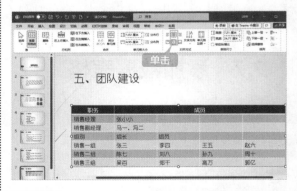

第8步 重复上述操作步骤，根据表格内容合并单元格，如下图所示。

职务	成员			
销售经理	张小小			
销售副经理	马一、冯二			
组别	组长		组员	
销售一组	张三	李四	王五	赵六
销售二组	陈七	刘八	孙九	周十
销售三组	吴百	郑千	高万	郭亿

9.7.2　设置表格的样式

在 PowerPoint 中可以设置表格的样式，使个人述职报告看起来更加美观，具体操作步骤如下。

第1步 选择表格，单击【表设计】选项卡下【表格样式】组中的▽按钮，在弹出的下拉列表中选择一种样式，如下图所示。

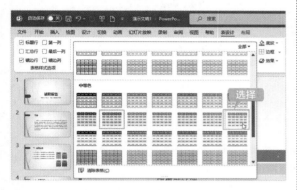

第2步 更改表格样式后的效果如下图所示。

第3步 还可以为表格添加效果。单击【表设计】选项卡下【表格样式】组中的【效果】下拉按钮 ❏效果 ，在弹出的下拉列表中选择【阴影】→【透视：左上】选项，如下图所示。

第4步 设置阴影后的效果如下图所示。

9.8 使用艺术字作为结束页

艺术字与普通文字相比，有更多的颜色和形状可以选择，表现形式更加多样化，在述职报告中插入艺术字可以达到锦上添花的效果。在幻灯片中插入艺术字，作为结束页的结束语，具体操作步骤如下。

第1步 新建一个空白页，单击【插入】选项卡下【文本】组中的【艺术字】下拉按钮 ，在弹出的下拉列表中选择一种艺术字样式，如下图所示。

第2步 在文档中即可弹出【请在此放置您的文字】文本框，如下图所示。

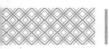

第3步 单击文本框内的文字，输入文本内容，如下图所示。

第4步 根据情况调整字体大小，效果如下图所示。

9.9 保存设计好的演示文稿

制作完个人述职报告演示文稿之后，需要进行保存。保存演示文稿的具体操作步骤如下。

第1步 按【F12】键，弹出【另存为】对话框，选择保存的位置，并设置文件名，然后单击【保存】按钮，如下图所示。

> **| 提示 |**
>
> 保存已经保存过的文档时，按【Ctrl+S】组合键快速保存即可。

第2步 在弹出的【另存为】对话框中选择文档所要保存的位置，在【文件名】文本框中输入要另存的名称，例如，这里输入"述职报告.pptx"，单击【保存】按钮，即可完成文档的另存操作，如下图所示。

举一
反三

设计论文答辩演示文稿

与个人述职报告类似的演示文稿还有演讲演示文稿、答辩演示文稿等。设计制作这类演示文稿时，要求内容客观、重点突出、个性鲜明，使观看者能了解演示文稿的重点内容，并展现制作者的个人魅力。下面就以设计论文答辩演示文稿为例进行介绍。

1. 新建演示文稿

新建空白演示文稿，为演示文稿应用主题，并设置演示文稿的显示比例，如下图所示。

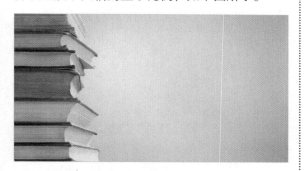

2. 新建幻灯片

新建幻灯片，并在幻灯片内输入文本，设置字体格式、段落对齐方式、段落缩进等，如下图所示。

绪论

我国民营企业数量超过1000万家，占企业总数70%以上，其中大多数是家族企业。

家族企业在经济发展中占据着重要作用，增强了我国的经济竞争力，但同其他国家的企业相比，平均寿命极短，它的可持续发展是一个重要的难题，包括企业本身存在的内在弊端和继承问题带来的严峻挑战。

因此，研究家族企业的发展，分析其在发展过程中存在的优势和弊端，对于我国经济的发展具有积极意义，尤其是对研究中小企业的发展，包含民营企业的生产经营是极具现实意义的。

3. 添加项目符号

进行图文混排，为文本添加项目符号与编号，并插入图片，为图片设置样式、添加艺术效果，如下图所示。

家族企业发展现状

国外	国内
● 起步早，发展时间长 ● 家族企业是主流的企业组织形式 ● 家族企业在国外占有绝大的比重	● 起步较晚，处于初级阶段 ● 大多数家族企业规模较小 ● 主要股东是有血缘联系的家族成员

4. 添加表格、插入艺术字

插入表格，并设置表格的样式。插入艺术字，对艺术字的样式进行设置，并保存设计好的演示文稿，如下图所示。

谢谢各位老师！

◇ AI一键生成高质量的PPT

除了能够自动生成演示文稿的大纲和内容，部分AI模型还进一步提供了PPT模板的生成功能。这些模板不仅允许用户进行个性化修改，而且支持直接下载使用。

下面以"讯飞星火"为例，讲解具体操作步骤。

第1步 打开讯飞星火，在【插件】区域单击【智能PPT生成】按钮，如下图所示。

第2步 在输入框中输入指令，单击【发送】按钮，如下图所示。

第3步 讯飞星火会调用"智能PPT生成"插件，生成PPT大纲内容，如下图所示。用户可以根据需求，引导讯飞星火进行修改及完善。

第4步 当确认内容后，可单击下方的【一键生成PPT】按钮，如下图所示。

第5步 此时会打开"讯飞智文"网页，并快速生成PPT，如下图所示。用户可以通过左侧的幻灯片缩略图选择不同的页面，对文字、图形等进行修改，还可以使用"撰写助手"来润色文字。

第6步 当需要导出该PPT时，则单击右上角的【导出】按钮，在弹出的提示框中，单击【我已了解，继续导出】按钮，如下图所示。

第7步 弹出【文件导出】对话框，选择要导出的格式，如下图所示。

> **第8步** 在弹出的页面中，单击【下载文件】按钮，如下图所示。

> **第9步** 浏览器即会下载该模板，如下图所示。

> **第10步** 下载完成后，用PowerPoint打开该文件进行编辑和设计，如下图所示。

◇ 使用AI快速生成PPT配图

　　在构思演示文稿时，借助AI模型生成背景图或搭配图片，能够使文稿图文并茂，从而提升演示文稿的整体质量。下面以"文心一格"为例，介绍具体操作方法。

> **第1步** 打开"文心一格"官网，进入【AI创作】页面，选择【AI创作】选项，在输入框中输入提示词，然后设置【画面类型】【比例】【数量】等参数，单击【立即生成】按钮，如下图所示。

| 提示 |

在 AI 绘画中，我们可以通过提示词（Prompt）来告诉 AI 生成什么样的图片。为了更精准地传达需求，我们可以按照"画面主体＋细节词＋风格修饰词"的结构来组织提示词。例如，本例中的画面主体为"办公人员与 AI 助手"；细节词为"数据流动，现代简洁"；风格修饰词为"科技光影，色彩鲜明，细节刻画，数字艺术风格，高清画质，氛围前沿"。这样的提示词可以让 AI 更容易理解我们的需求，并绘制出符合要求的图片。

如果不知道如何组织提示词，可以向 AI 模型，如文心一言、讯飞星火等描述需求。让 AI 模型根据需求，生成 AI 可以理解的提示词，再将其复制到输入框中。

画面类型：用于设置图片的风格，如果不清楚，可以选择【智能推荐】选项。

比例：分为竖图、方图和横图三种，选择需要的画面尺寸即可。

数量：用于设置生成的图片数量，最多可生成 9 张。

文心一格中的"电量"类似于平台中的金币，是用于购买各种服务的虚拟货币。

第2步 AI 开始生成图片，并在窗口中显示进度，如下图所示。

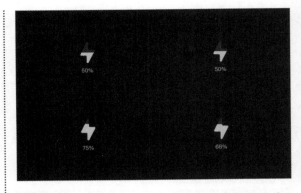

第3步 图片生成后，会在内容窗口中展现出来，用户可以对图片进行再次编辑或将其作为参考图重新生成。如果需要查看某张图片，在图片上单击即可，如下图所示。

第4步 如果需要下载，则单击【下载】按钮，将其下载至本地，如下图所示。

第 10 章
动画和多媒体的应用

⊜ 本章导读

　　动画和多媒体是演示文稿的重要元素，适当地加入动画和多媒体可以使演示文稿变得更加精彩。PowerPoint提供了多种动画样式，支持对动画效果和视频的自定义播放。本章以制作市场季度报告演示文稿为例，介绍动画和多媒体在演示文稿中的应用。

◢ 思维导图

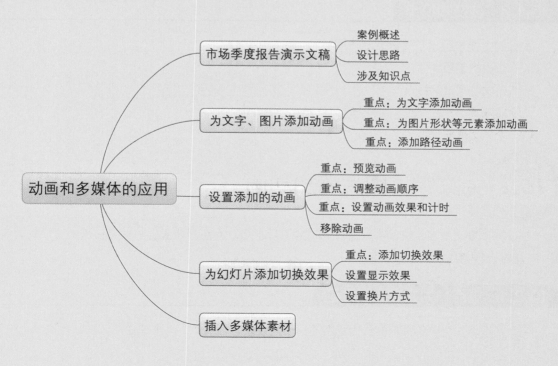

10.1 市场季度报告演示文稿

市场季度报告演示文稿是为了全面展示公司的市场运营状况而制作的汇报材料，直接关系到公司内部决策层对公司市场表现的把握和外部投资者对公司发展潜力的评估。

10.1.1 案例概述

市场季度报告演示文稿不仅是公司内部决策的重要依据，也是对外展示公司市场运营成果的重要文件，代表着公司在市场中的形象和实力。因此，在报告特定的页面中加入合适的过渡动画，不仅能提升报告的专业性，还能使内容呈现更加流畅生动。同时，为幻灯片加入相关的视频、图表等多媒体素材，有助于更直观、更深入地展示市场数据和发展趋势，达到更好的汇报效果。

10.1.2 设计思路

在设计市场季度报告演示文稿时，可以参照下面的思路。
（1）为文字、图片等元素添加动画，使报告内容更加生动有趣。
（2）根据需求调整和测试动画，确保选用适合的动画效果，提升报告的传达效果。
（3）插入多媒体素材，丰富报告的表现形式。
（4）添加切换效果，使幻灯片之间过渡流畅。

10.1.3 涉及知识点

本案例主要涉及以下知识点。
（1）动画的使用。
（2）触发、测试和移动动画。
（3）插入音、视频文件。
（4）添加切换效果。

10.2 为文字、图片添加动画

在市场季度报告演示文稿中，通过动画的引导，可以逐步展示报告的关键信息，帮助观看者更好地理解报告内容。

10.2.1 重点：为文字添加动画

为市场季度报告演示文稿的封面标题添加动画效果，可以使封面更加生动，具体操作步骤如下。

第1步 选择第1张幻灯片中的"市场季度报告"文本框，单击【动画】选项卡下【动画】组中的曰按钮，如下图所示。

第2步 在弹出的下拉列表中，可以看到有进入、强调、退出和动作路径4种动画类型。在其中选择一种动画类型，如这里选择【飞入】动画，如下图所示。

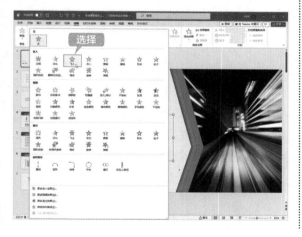

第3步 为文字添加"飞入"动画效果，文本框左上角会显示一个动画标记 1 ，效果如下图所示。

10.2.2 重点：为图片形状等元素添加动画

在演示文稿中，用户可以为图片、形状、图表等添加动画效果，使其更加醒目。下面以为本例幻灯片中的形状元素添加动画为例，介绍具体操作步骤。

第1步 选择第3张幻灯片，选中一个图形，单击【动画】选项卡下的三按钮，在弹出的列表中选择【强调】区域下的【放大/缩小】动画效果，如下图所示。

第2步 看到设置完成的动画效果，如下图所示。

10.2.3 重点：添加路径动画

路径动画可以自定义对象的移动轨迹，下面介绍制作路径动画的具体操作步骤。

第1步 选择要添加动画的对象，单击【动画】选项卡下的 ☰ 按钮，在下拉列表的【动作路径】区域下选择一种效果，如选择【直线】选项，如下图所示。

第2步 添加动作路径，PowerPoint会自动演示该动画效果，如下图所示。

第3步 单击创建的路径，此时在路径的起点和

终点会各显示一个小圆点，将光标放置在小圆点上，会变为 ✛ 形状，拖曳光标即可调整路径大小及方向，如下图所示。

第4步 另外，也可以选择【自定义路径】选项，然后拖曳光标进行动画路径的绘制，如下图所示。绘制完成后，按【Enter】键进行确认，PowerPoint会自动测试动画效果。

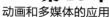
 10.3 设置添加的动画

为市场季度报告演示文稿中的幻灯片添加动画效果之后，还可以根据需要设置添加的动画，以达到更好的播放效果。

10.3.1 重点：预览动画

动画效果设置完成之后，可以预览动画，以检查动画的播放效果。

第1步 选择要预览动画的幻灯片，单击【动画】选项卡下【预览】组中的【预览】按钮，如下图所示。

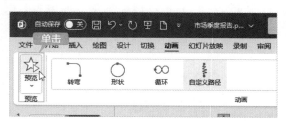

第2步 即可预览添加的动画，效果如下图所示。

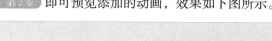

10.3.2 重点：调整动画顺序

为对象添加动画效果后，可以调整动画的播放顺序，具体操作步骤如下。

第1步 在包含动画的幻灯片页面，单击【动画】选项卡下的【动画窗格】按钮，弹出【动画窗格】窗格，其中展示了幻灯片中添加的所有动画，如下图所示。

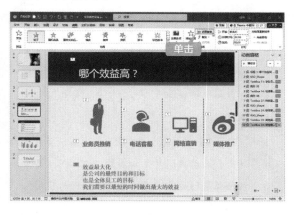

第2步 选择需要调整顺序的动画，拖曳动画至目标位置，释放鼠标即可调整动画顺序。另外，可以通过按钮或按钮来调整动画顺序，如下图所示。

10.3.3 重点：设置动画效果和计时

创建动画之后，可以根据需求设置动画的效果和计时，具体操作步骤如下。

第1步 选择要修改的动画，单击【动画】选项卡下【动画】组中的【效果选项】下拉按钮，在弹出的下拉列表中选择要调整的效果选项进行应用，如下图所示。

第2步 单击【动画】组中的【显示其他效果选项】按钮，如下图所示。

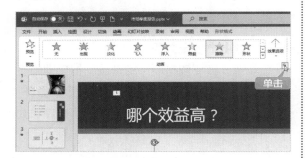

第3步 弹出【擦除】对话框，在【效果】选项下，可以看到【设置】和【增强】两个选项区域。单击【声音】右侧的下拉按钮，在弹出的列表中可以选择要应用的声音效果，可以用同样的方法设置【动画播放后】和【动画文本】选项，如下图所示。

第4步 单击【计时】选项卡，其包含【开始】【延迟】【期间】【重复】4个选项，如单击【开始】右侧的按钮，会弹出3种动画开始方式，可以根据需求进行选择，如下图所示。

> **提示**
>
> 【单击时】：选择此选项后，动画将在用户单击幻灯片上的相应元素时开始播放。这种方式非常适合需要用户交互或按步骤展示内容的场景，可以确保观看者在准备好后才继续观看下一个动画。
>
> 【与上一动画同时】：选择此选项后，当前动画将与上一个动画同时开始播放。这适用于希望多个动画效果同时呈现的情况，比如同时出现文字和图片，或者多个图形元素同时移动或变换。

【上一动画之后】：选择此选项后，当前动画将在上一个动画播放完毕后开始播放。这对于需要按照特定顺序展示内容的场景非常有用，可以确保观看者在完全理解上一个动画后再看到下一个动画。

第5步 既可以设置【延迟】时间，还可以单击【期间】右侧的下拉按钮，从弹出的下拉列表中选择动画播放的持续时间，列表中包括【20秒（非常慢）】【非常慢（5秒）】【慢速（3秒）】【中速（2秒）】【快速（1秒）】和【非常快（0.5

秒）】6个选项，设置完成后，单击【确定】按钮即可，如下图所示。

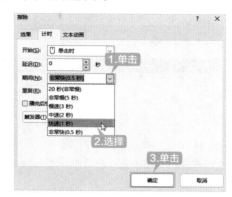

10.3.4　移除动画

为对象创建动画效果后，还可以移除动画效果。

移除动画效果最简单的方法是先选中含有动画的对象，然后选择【动画】选项卡下动画列表中的【无】选项，如下图所示。

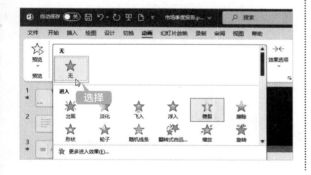

另外，还可以在【动画窗格】中右击要删除的动画，在弹出的列表中选择【删除】选项，如下图所示。

10.4 为幻灯片添加切换效果

添加幻灯片切换效果可以使幻灯片的切换显得更自然流畅。

10.4.1　重点：添加切换效果

在市场季度报告演示文稿中，可以在各张幻灯片之间添加切换效果，具体操作步骤如下。

第1步 选择第1张幻灯片，单击【切换】选项卡下【切换到此幻灯片】组中的【其他】按钮▽，在弹出的下拉列表中选择【华丽】下的【百叶窗】样式，如下图所示。

第2步 为第1张幻灯片添加"百叶窗"切换效果，如下图所示。

第3步 使用同样的方法可以为其他幻灯片添加切换效果，如下图所示。

第4步 如果要将设置的切换效果应用至所有幻灯片，可以单击【切换】选项卡下【计时】组中的【应用到全部】按钮▽ 应用到全部。

10.4.2 设置显示效果

对幻灯片添加切换效果之后，可以更改其显示效果，具体操作步骤如下。

第1步 选择第1张幻灯片，单击【切换】选项卡下【切换到此幻灯片】组中的【效果选项】下拉按钮▽，在弹出的下拉列表中选择一个方向选项，如下图所示。

第2步 单击【计时】组中的【声音】下拉按钮▽，在弹出的下拉列表中选择【风铃】选项，在【持续时间】微调框中将持续时间设置为"02.00"，即可完成设置显示效果的操作，如下图所示。

10.4.3　设置换片方式

对设置了切换效果的幻灯片，可以设置幻灯片的切片方式。

选中【切换】选项卡下【计时】组中的【单击鼠标时】复选框和【设置自动换片时间】复选框，在【设置自动换片时间】微调框中设置自动切换时间，如下图所示。

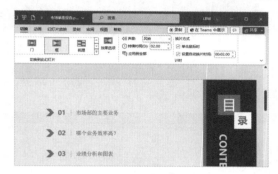

> **提示**
>
> 选中【单击鼠标时】复选框，则在单击鼠标时执行换片操作；选中【设置自动换片时间】复选框并设置换片时间，则在经过设置的换片时间后自动换片；同时选中这两个复选框，单击鼠标时将执行换片操作，否则经过设置的换片时间后将自动换片。

10.5 插入多媒体素材

在演示文稿中可以插入多媒体文件素材，如声音或视频。在市场季度报告演示文稿中添加多媒体素材可以使演示文稿的内容更加丰富，演示效果更好。下面以在演示文稿中添加视频素材为例，讲解具体操作步骤。

第1步 选择第1张幻灯片，单击【插入】选项卡下【媒体】组中的【视频】下拉按钮，在弹出的下拉列表中选择插入视频的来源，如这里选择【库存视频】选项，如下图所示。

第2步 弹出【图像集】对话框，在【视频】选项卡下，可以选择要插入的视频，然后单击【插入】按钮，如下图所示。

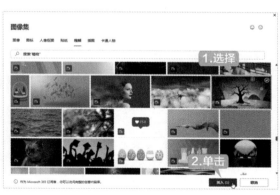

第3步 弹出【正在下载】提示框，并显示下载进度，如下图所示。

第4步 将视频插入幻灯片中，适当调整视频窗口的大小和位置，效果如下图所示。

| 提示 |::::::::

调整视频大小及位置的操作与调整图片类似，这里不再赘述。

第5步 单击【播放】按钮▶，即可播放该视频，如下图所示。

第6步 用户可以在【播放】选项卡下设置视频，如添加书签、编辑字幕等，如下图所示。

举一
反三

制作产品宣传展示演示文稿

产品宣传展示演示文稿的制作和市场季度报告演示文稿的制作有很多相似之处，主要是对动画和切换效果的应用。制作产品宣传展示演示文稿时可以按照以下思路进行。

1. 为文字添加动画效果

打开素材文件，为幻灯片中的文字添加动画效果。文字是幻灯片中的重要元素，使用合适的动画效果可以使文字很好地与其他元素融合在一起，如下图所示。

2. 为图片添加动画效果

为幻灯片中的产品图片添加动画效果，可以使产品展示更加引人注目，如下图所示。

3. 为幻灯片添加切换效果

为各页幻灯片添加切换效果，可以使幻灯片之间的切换更加自然，如下图所示。

4. 设置幻灯片切换效果

根据需要设置幻灯片的切换效果，如下图所示。

◇ 用AI搞定复杂的流程图

流程图在演示文稿中具有重要的作用，能够提升信息传达的效果、辅助分析与决策、提升演示效果与专业性。借助AI可以快速搞定复杂的流程图，下面以"文心一言"为例，绘制客户订单处理流程图，具体操作步骤如下。

第1步 打开文心一言，单击输入框上方的【选插件】按钮，在弹出的列表中，选择【TreeMind树图】选项，如下图所示。

第2步 此时输入框上方区域会显示"已选插件"，然后输入指令，单击【发送信息】按钮，如下图所示。

第3步 文心一言生成相应的流程图。如果要查看大图或进行编辑，可单击【编辑】按钮，如下图所示。

第4步 打开一个新的标签页，进入编辑页面，如下图所示。

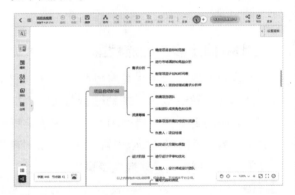

第5步 如果要对思维导图进行编辑，既可以根据需要修改结构，添加主题、摘要及关联线等，还可以选择节点，设置样式、骨架、配色及画布等，如下图所示。

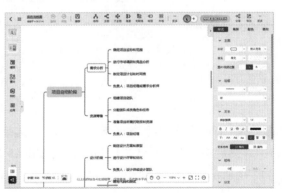

第6步 设置完成后，单击右上角的【导出】按钮，在弹出的窗格中选择要导出的格式，如下图所示。

第7步 自动下载该文件，在浏览器的下载列表中单击【打开文件】超链接，可查看图片效果，如下图所示。

◇ **用AI生成思维导图**

思维导图能够以图形化的方式展示复杂的概念、关系和层次结构，使观看者更易理解和记忆。通过使用AI技术，可以提高制作思维导图的效率和质量。

下面以"讯飞星火"为例，讲述其生成方法。

第1步 打开讯飞星火，单击输入框上方【插件】区域中的【思维导图流程图】选项，如下图所示。

第2步 在输入框中输入指令，单击【发送】按

钮，如下图所示。

第3步 讯飞星火根据需求生成思维导图，效果如下图所示。

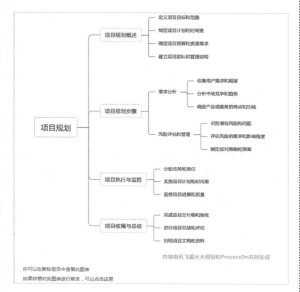

内容由讯飞星火大模型和ProcessOn共同生成

你可以在新标签页中查看此图表

如果你想对此图表进行修改，可以点击这里

第4步 当单击【你可以在新标签页中查看此图表】超链接后，可以在新标签页中查看思维导图，并可通过 ⊕ 按钮放大查看，如下图所示。

内容由讯飞星火大模型和ProcessOn共同生成

第5步 当单击【如果你想对此图表进行修改，可以点击这里】超链接后，可以打开【ProcessOn】页面，登录后可以查看生成的思维导图，并根据需求进行修改，完成后单击【导出为】按钮 ⬇ 导出即可。

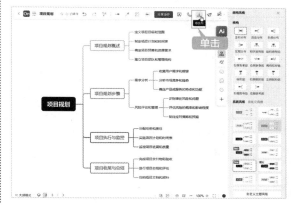

第11章

放映幻灯片

本章导读

　　幻灯片制作完成后就可以进行放映了，掌握幻灯片的放映方法与技巧并灵活使用，可以达到意想不到的效果。本章主要介绍演示文稿的放映方法，包括放映前的准备、设置放映方式、放映开始位置及放映时的控制等内容。本章以活动执行方案演示文稿的放映为例，介绍如何放映幻灯片。

思维导图

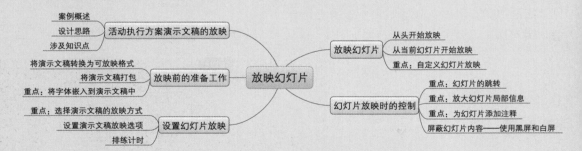

11.1 活动执行方案演示文稿的放映

放映活动执行方案演示文稿时要做到简洁清晰、重点明了，便于活动执行人员快速地接收演示文稿中的信息。

11.1.1 案例概述

活动执行方案演示文稿制作完成后，我们需要将其进行放映。充分的准备工作是确保演示顺利进行的关键，以下是放映活动执行方案演示文稿时需要注意的几点。

1. 清晰简洁

（1）在放映演示文稿时，要确保内容清晰、结构简洁，避免冗余和复杂的描述。

（2）将演示文稿中的关键文件整理打包，确保资料的安全性和完整性，防止意外丢失。

（3）选择适合的放映方式，可以根据实际情况预先进行排练计时，确保时间掌控得当。

（4）在演示过程中，避免使用过于花哨的切换和动画效果，以免分散观看者的注意力。

2. 突出重点

（1）放映幻灯片时，对于活动执行方案中的关键信息，可以放大幻灯片局部进行播放，以便观看者更加清晰地了解。

（2）可以使用画笔功能对重点信息进行注释和强调，同时也可以选择荧光笔功能进行区分，使观看者更容易注意到重要内容。

（3）当需要观看者对某个环节进行深入思考或讨论时，可以使用黑屏或白屏功能，暂时屏蔽幻灯片中的内容，为观看者提供一个专注思考的空间。

通过以上的准备和注意事项，我们可以确保活动执行方案演示文稿的顺利放映，向观看者清晰、准确地传达活动执行的详细方案。

11.1.2 设计思路

放映活动执行方案演示文稿时可以按以下思路进行。

（1）做好演示文稿放映前的准备工作。

（2）选择演示文稿的放映方式，并进行排练计时。

（3）自定义幻灯片的放映。

（4）使用画笔与荧光笔在幻灯片中添加注释。

（5）使用黑屏与白屏。

11.1.3 涉及知识点

本案例主要涉及以下知识点。

（1）转换演示文稿的格式，打包演示文稿。

（2）设置演示文稿的放映方式。

（3）放映幻灯片。

（4）控制幻灯片的放映过程。

11.2 放映前的准备工作

在放映活动执行方案演示文稿之前，要做好准备工作，避免放映过程中出现意外。

11.2.1 将演示文稿转换为可放映格式

放映幻灯片之前可以将演示文稿直接生成预览形式的可放映格式，这样就能直接打开放映文件，适合做演示使用。将演示文稿转换为可放映格式的具体操作步骤如下。

第1步 打开"素材\ch11\活动执行方案PPT.pptx"文档，按【F12】键，弹出【另存为】对话框，选择保存位置后，单击【保存类型】文本框后的下拉按钮，在弹出的下拉列表中选择【PowerPoint放映（*.ppsx）】选项，如下图所示。

第2步 单击【保存】按钮，将演示文稿转换为可放映的格式，如下图所示。

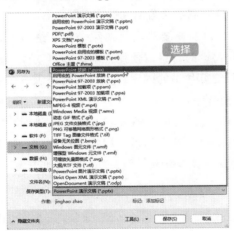

11.2.2 将演示文稿打包

打包演示文稿是将演示文稿中独立的文件整合成一种可独立运行的文件，避免文件损坏或无法调用等问题，具体操作步骤如下。

第1步 单击【文件】→【导出】→【将演示文稿打包成CD】→【打包成CD】按钮，如下图所示。

第2步 弹出【打包成CD】对话框，在【将CD命名为】文本框中为打包的演示文稿进行命名，

并单击【复制到文件夹】按钮，如下图所示。

第3步 弹出【复制到文件夹】对话框，单击【浏览】按钮，如下图所示。

第4步 弹出【选择位置】对话框，选择保存的位置，单击【选择】按钮，如下图所示。

第5步 返回【复制到文件夹】对话框，单击【确定】按钮，如下图所示。

第6步 弹出【Microsoft PowerPoint】对话框，用户在信任连接来源后，可单击【是】按钮，进行复制，如下图所示。

第7步 复制完成后，即可打开【活动执行方案】文件夹，完成对演示文稿的打包，如下图所示。

第8步 返回【打包成CD】对话框，单击【关闭】按钮，就完成了PPT打包的操作，如下图所示。

10.2.3 重点：将字体嵌入到演示文稿中

为了获得更好的设计效果，用户通常会在幻灯片中使用一些非常漂亮的特殊字体，但是将演示文稿复制到演示现场进行放映时，会发现这些字体变成了普通字体，甚至还因字体变化而导致格式变得不整齐，严重影响演示效果。对于这种情况，可以将这些特殊字体嵌入到演示文稿中，具体操作步骤如下。

第1步 单击【文件】→【选项】选项，如下图所示。

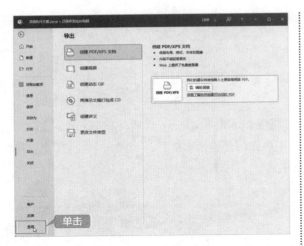

第2步 弹出【PowerPoint选项】对话框，选择【保存】选项，在右侧的【共享此演示文稿时保持保真度】区域勾选【将字体嵌入文件】复选框，

并选中【嵌入所有字符（适于其他人编辑）】单选按钮，单击【确定】按钮，如下图所示。

在对演示文稿进行保存时，所有的字体都会嵌入演示文稿中。需要注意的是，嵌入字体后，演示文稿文件会变得较大。

11.3 设置幻灯片放映

用户可以对活动执行方案演示文稿的放映进行放映方式、排练计时等设置。

11.3.1 重点：选择演示文稿的放映方式

在PowerPoint中，演示文稿的放映方式包括演讲者放映、观看者自行浏览和在展台浏览。用户可以单击【幻灯片放映】选项卡下【设置】组中的【设置幻灯片放映】按钮，然后在弹出的【设置放映方式】对话框中进行放映类型、放映选项及换片方式等设置。

1. 演讲者放映

演讲者放映方式是指由演讲者一边讲解一边放映幻灯片，此演示方式一般用于比较正式的场合，如专题讲座、学术报告等，本案例中也使用演讲者放映的方式。将演示文稿的放映方式设置为演讲者放映的具体操作步骤如下。

第1步 单击【幻灯片放映】选项卡下【设置】组中的【设置幻灯片放映】按钮 ，如下图所示。

第2步 弹出【设置放映方式】对话框，默认设置为演讲者放映状态，如下图所示。

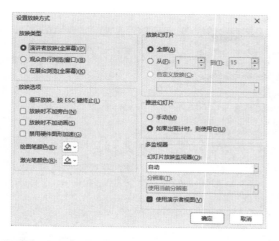

2. 观看者自行浏览

观看者自行浏览是指由观看者自己动手使用计算机观看幻灯片。如果希望让观看者自己浏览多媒体幻灯片，可以将多媒体的放映方式设置成观看者自行浏览，具体操作步骤如下。

第1步 打开【设置放映方式】对话框，在【放映类型】选项区域选中【观众自行浏览（窗口）】单选按钮；在【放映幻灯片】选项区域选中【从……到……】单选按钮，并在第2个文本框中输入"4"，设置从第1页到第4页的幻灯片放映方式为观看者自行浏览，单击【确定】按钮，如下图所示。

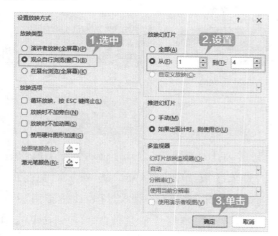

第2步 按【F5】键进行演示文稿的演示，这时可以看到，设置后的前4页幻灯片以窗口的形式出现，并且在最下方显示状态栏。

第3步 单击状态栏中的【普通】按钮，即可将演示文稿切换到普通视图状态，如下图所示。

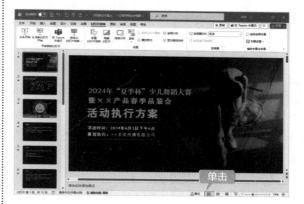

> **提示**
>
> 单击状态栏中的【上一张】按钮 和【下一张】按钮 也可以切换幻灯片；单击状态栏右侧的【幻灯片浏览】按钮，可以将演示文稿由普通状态切换到幻灯片浏览状态；单击状态栏右侧的【阅读视图】按钮，可以将演示文稿切换到阅读状态；单击状态栏右侧的【幻灯片放映】按钮，可以将演示文稿切换到幻灯片浏览状态。

3. 在展台浏览

在展台浏览放映方式可以让多媒体幻灯片自动放映而不需要演讲者操作，如放映展览会的产品展示等。

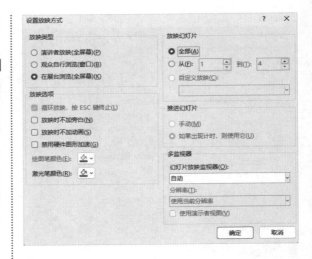

打开演示文稿后，在【幻灯片放映】选项卡下【设置】组中单击【设置幻灯片放映】按钮，在弹出的【设置放映方式】对话框中【放映类型】选项区域选中【在展台浏览（全屏幕）】单选按钮，即可将放映方式设置为在展台浏览，如下图所示。

| 提示 |

用户可以将展台浏览设置为当看完整个演示文稿或演示文稿保持闲置状态达到一段时间后，自动返回演示文稿首页。这样，放映者就不需要一直守着展台了。

11.3.2 设置演示文稿放映选项

选择演示文稿的放映方式后，还需要设置演示文稿的放映选项，具体操作步骤如下。

第1步 单击【幻灯片放映】选项卡下【设置】组中的【设置幻灯片放映】按钮，如下图所示。

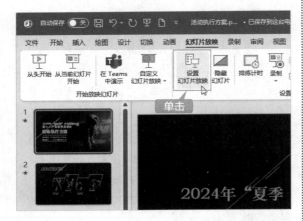

第2步 弹出【设置放映方式】对话框，选中【演讲者放映（全屏幕）】单选按钮，如下图所示。

第3步 在【设置放映方式】对话框中【放映选项】选项区域选中【循环放映，按ESC键终止】复选框，可以在最后一张幻灯片放映结束后自动返回第一张幻灯片重复放映，直到按【Esc】键才能结束放映，如下图所示。

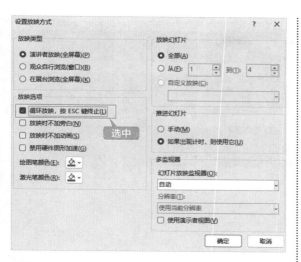

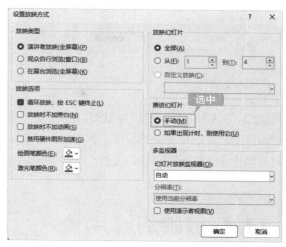

第4步 在【推进幻灯片】选项区域选中【手动】单选按钮，设置演示过程中的换片方式为手动，这样可以取消使用排练计时，如下图所示。

> | 提示 | ::::::::
>
> 选中【放映时不加旁白】复选框，表示在放映时不播放在幻灯片中添加的声音；选中【放映时不加动画】复选框，表示在放映时设定的动画效果将被屏蔽。

11.3.3 排练计时

可以通过排练计时为每张幻灯片确定适当的放映时间，更好地实现自动放映幻灯片，具体操作步骤如下。

第1步 单击【幻灯片放映】选项卡下【设置】组中的【排练计时】按钮，如下图所示。

第2步 在放映幻灯片时，左上角会出现【录制】

对话框，在【录制】对话框内可以进行暂停、继续等操作，如下图所示。

第3步 幻灯片播放完成后，弹出【Microsoft PowerPoint】对话框，单击【是】按钮，可以保存幻灯片计时，如下图所示。

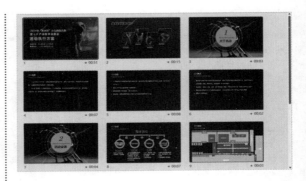

第4步 排练结束后，可以通过幻灯片浏览，查看每页幻灯片的排练时长。单击状态栏上的【幻灯片浏览】按钮 即可进行查看，如下图所示。

11.4 放映幻灯片

默认情况下，幻灯片的放映方式为普通手动放映。用户可以根据实际需要，设置幻灯片的放映方式，如从头开始放映、从当前幻灯片开始放映、联机放映等。

11.4.1 从头开始放映

放映幻灯片一般是从头开始的，具体操作步骤如下。

第1步 单击【幻灯片放映】选项卡下【开始放映幻灯片】组中的【从头开始】按钮 或按【F5】键，如下图所示。

第2步 系统将从头开始播放幻灯片，由于设置

了排练计时，因此会按照排练计时的时间自动播放，如下图所示。

| 提示 |

若幻灯片中没有设置排练计时，则单击、按【Enter】键或按【Space】键均可切换到下一张幻灯片。按键盘上的方向键也可以切换幻灯片。

11.4.2 从当前幻灯片开始放映

在放映幻灯片时可以从选定的当前幻灯片开始放映，具体操作步骤如下。

第1步 选中第2张幻灯片,单击【幻灯片放映】选项卡下【开始放映幻灯片】组中的【从当前幻灯片开始】按钮或按【Shift+F5】组合键,如下图所示。

第2步 系统将从当前幻灯片开始放映。按【Enter】键或【Space】键可以切换到下一张幻灯片,如下图所示。

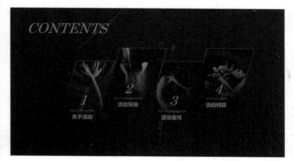

11.4.3 重点:自定义幻灯片放映

利用PowerPoint的【自定义幻灯片放映】功能,可以为幻灯片设置多种自定义放映方式,具体操作步骤如下。

第1步 单击【幻灯片放映】选项卡下【开始放映幻灯片】组中的【自定义幻灯片放映】按钮,在弹出的下拉列表中选择【自定义放映】选项,如下图所示。

第2步 弹出【自定义放映】对话框,单击【新建】按钮,如下图所示。

第3步 弹出【定义自定义放映】对话框,在【在演示文稿中的幻灯片】列表框中勾选需要放映的幻灯片,然后单击【添加】按钮,如下图所示。

第4步 将选中的幻灯片添加到【在自定义放映中的幻灯片】列表框中,可以根据需要对其进行命名,单击【确定】按钮,如下图所示。

第5步 返回【自定义放映】对话框,单击【放映】按钮,如下图所示。

第6步 从选中的页码开始放映，如下图所示。

11.5 幻灯片放映时的控制

在活动执行方案演示文稿的放映过程中，可以控制幻灯片的跳转、放大幻灯片局部信息、为幻灯片添加注释等。

11.5.1 重点：幻灯片的跳转

如果在播放幻灯片的过程中，既需要跳转幻灯片，又需要保持逻辑上的关系，可以按照以下步骤进行操作。

第1步 选中目录幻灯片，选择【活动安排】文本并右击，在弹出的快捷菜单中选择【链接】选项，如下图所示。

第2步 弹出【插入超链接】对话框，在【链接到】选项区域可以选择链接的文件位置，这里选择【本文档中的位置】选项，在【请选择文档中的位置】选项区域选择【7.幻灯片7】选项，单击【确定】按钮，如下图所示。

第3步 在【目录】幻灯片页面中插入超链接，如下图所示。

第4步 单击【幻灯片放映】选项卡下【开始放

映幻灯片】组中的【从当前幻灯片开始】按钮，从【目录】页面开始播放幻灯片，如下图所示。

第5步 在幻灯片播放时，单击【活动安排】超链接，如下图所示。

第6步 跳转至超链接的幻灯片并继续播放，如下图所示。

11.5.2 重点：放大幻灯片局部信息

在活动执行方案演示文稿的放映过程中，可以放大幻灯片的局部，强调重点内容，具体操作步骤如下。

第1步 选择第9张幻灯片，单击【幻灯片放映】选项卡下【开始放映幻灯片】组中的【从当前幻灯片开始】按钮，如下图所示。

第2步 从当前页面开始播放幻灯片，单击屏幕左下角的【放大镜】按钮，如下图所示。

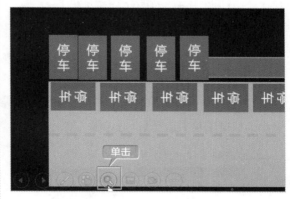

第3步 光标会变为放大镜图标，周围是一个矩形区域，其余的部分会变成灰色，矩形所覆盖的区域就是将要放大的区域，如下图所示。

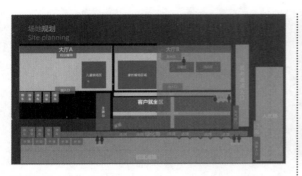

第4步 单击需要放大的区域，即可将其进行放大，如下图所示。

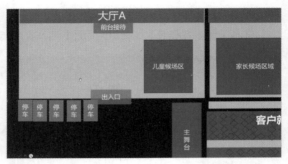

第5步 当不需要进行放大时，按【Esc】键，即可恢复原页面，如下图所示。

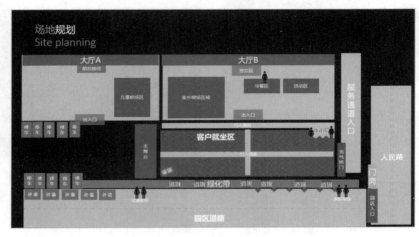

11.5.3 重点：为幻灯片添加注释

要想使观看者更加了解幻灯片所展示的内容，可以在幻灯片中添加注释。添加注释的具体操作步骤如下。

第1步 放映幻灯片，单击左下角的 ✦ 按钮，在弹出的快捷菜单中选择【笔】选项，然后可以选择一种颜色，如这里选择【红色】，如下图所示。

第2步 当光标变为一个点时，即可在幻灯片中添加标注，如下图所示。

第3步 当需要对标注进行擦除操作时，可以单击左下角的 ✦ 按钮，在弹出的列表中选择【橡皮擦】命令，如下图所示。

第4步 当光标变为橡皮擦形状 ✎ 时，在幻灯片中有注释的位置按住光标左键拖曳，即可擦除注释，如下图所示。另外，也可以在弹出的快捷菜单中选择【擦除幻灯片上的所有墨迹】命令，可以清除全部注释。

第5步 结束放映幻灯片时，弹出【Microsoft PowerPoint】对话框，单击【保留】按钮，如下图所示。

第6步 保留画笔注释，如下图所示。

11.5.4 屏蔽幻灯片内容——使用黑屏和白屏

在演示文稿放映过程中，如果需要观看者关注下面要放映的内容，可以使用黑屏和白屏来提醒观众。使用黑屏和白屏的具体操作步骤如下。

第1步 在【幻灯片放映】选项卡下的【开始放映幻灯片】组中单击【从头开始】按钮或按【F5】键放映幻灯片，如下图所示。

第2步 在放映幻灯片时按【W】键，即可使屏幕变为白屏。

第3步 再次按【W】键或【Esc】键，即可返回幻灯片放映页面，如下图所示。

第4步 按【B】键可使屏幕变为黑屏。

员工入职培训演示文稿的放映

与活动执行方案演示文稿类似的演示文稿还有论文答辩演示文稿、产品营销推广方案演示文稿、企业发展战略演示文稿等。放映这类演示文稿时，都可以使用PowerPoint提供的排练计时、自定义幻灯片放映、放大幻灯片局部信息、使用画笔来做标记等功能，方便幻灯片的放映。放映员工入职培训演示文稿时可以按照以下思路进行。

1. 放映前的准备工作

打开素材文件，单击【文件】→【选项】选项，打开【PowerPoint选项】对话框，勾选【将字体嵌入文件】复选框，如下图所示。

2. 设置演示文稿放映

选择演示文稿的放映方式，并设置演示文稿的放映选项，进行排练计时，如下图所示。

3. 放映幻灯片

选择放映幻灯片的方式，比如从头开始放映、从当前幻灯片开始放映和自定义幻灯片放映等，如下图所示。

4. 幻灯片放映时的控制

在员工入职培训演示文稿的放映过程中，可以使用幻灯片的跳转、放大幻灯片局部信息、为幻灯片添加注释等功能来控制幻灯片的放映，如下图所示。

◇ AI色彩搭配指南：打造完美的色彩组合

色彩搭配在演示文稿设计与放映中尤为重要，因为它不仅能够影响观看者的情绪和理解能力，还能提升信息的传达效果。利用AI提供的色彩搭配建议，可以轻松地创造出既专业又具有创意的演示文稿，从而确保每次演讲都能给观看者留下深刻印象。

下面以"讯飞星火"为例，介绍具体操作步骤。

第1步 打开讯飞星火，在输入框中输入指令，然后单击【发送】按钮，如下图所示。

第2步 讯飞星火会进行相应的回复，如下图所示。

第3步 如果需要补充其他内容，如这里补充"企业文化"信息，输入指令并单击【发送】按钮即可，如下图所示。

第4步 讯飞星火会调整并回复新的配色方案，

如下图所示。

◇ AI为演示文稿添加全文备注

为演示文稿添加备注，不仅能够帮助演讲者更好地掌握演讲节奏和内容，还能确保观看者获得更加丰富和完整的信息。利用AI进行快速备注不仅提高了工作效率，而且保证了信息的准确传达和演讲质量的提升。

下面以"Kimi"为例，讲解具体操作步骤。

第1步 将演示文稿文件拖曳到Kimi页面中，在文件上传并解析完成后，在输入框中输入指令，然后单击▶按钮，如下图所示。

第2步 Kimi会生成演讲备注内容，如下图所示。此外，用户还可以根据个人需求提出特定要求，以确保最终的演讲备注内容完全符合自己的需求和风格。

第4篇

Office AI 助手——Copilot 篇

本篇主要介绍 Microsoft Office 软件中的 Copilot 智能助手，以及它在 Word、Excel 和 PowerPoint 等应用程序中的运用。通过学习本篇内容，读者将掌握使用 Copilot 智能助手的要点，从而在办公软件的使用上实现效率的显著提升。

第 12 章
Copilot 助力文本处理与改写

📄 本章导读

　　本章将深入探讨微软公司精心打造的人工智能助手——Copilot，它专为提升文本处理和改写的效率而设计。Copilot不仅能够帮助用户迅速生成文档草稿，还能在用户写作过程中提供灵感，续写内容，甚至快速引用现有文档进行撰写。此外，它还具备文本润色和表格转换等高级功能。通过本章的学习，读者将全面掌握Copilot的各种功能，并学会如何将其融入日常的工作中，从而实现工作流程的智能化和高效化，让工作变得更加轻松和富有成效。

⊘ 思维导图

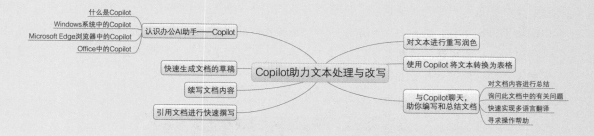

12.1 认识办公 AI 助手——Copilot

本节将深入介绍办公AI助手Copilot，涵盖其在Windows系统、Microsoft Edge浏览器及Office套件中的应用，帮助读者全面了解这一智能工具是如何提升工作效率的。

12.1.1 什么是 Copilot

Copilot是微软公司开发的一款前沿人工智能（AI）助手。这款工具集成了行业顶尖的人工智能技术，旨在为用户提供智能化的工作体验。不同于传统的搜索引擎或助手软件，Copilot具有深度学习和自然语言处理的能力，能够理解用户的意图，并根据用户的工作习惯和需求，提供个性化的建议和协助。

Copilot的独特之处在于它的集成性。它并非孤立的应用程序，而是深度融入微软的多款产品和服务中的，如搜索引擎必应、Microsoft Edge浏览器、办公软件Microsoft 365及操作系统Windows。这使得Copilot能够在用户日常工作的各个环节中发挥作用，成为用户高效完成任务的得力助手。

12.1.2 Windows 系统中的 Copilot

Copilot深度融入Windows操作系统中（Windows 10和Windows 11最新版），将人工智能的力量直接带到了用户桌面。用户仅需简单几步即可在系统设置中激活此功能，享受由AI驱动的个性化服务。

在Windows环境下，Copilot能够自动适应用户习惯，提供个性化的快捷方式建议、系统优化提示、文件管理和日程安排等服务。它还能与系统内的其他应用协同工作，比如根据用户的邮件内容自动调整日历事件，或根据工作进度推荐休息提醒，全方位提升用户的工作效率和使用体验。此外，通过持续接收可选的诊断数据，Copilot能够不断学习和进化，更好地满足每位用户的具体需求。

如果用户需要使用Copilot，可以执行以下操作。

第1步 单击任务栏中的【Copilot】图标，如下图所示。

第2步 Copilot打开后，会贴近桌面右侧显示，如下图所示。

第3步 在界面底部的撰写框中输入指令，然后单击【提交】按钮➤，如下图所示。

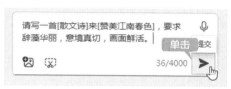

第4步 Copilot会根据问题进行回答。界面下方还会给出一些推荐问题，用户可以连续提问。如这里单击"你能画出江南春色吗？"这个问题，如下图所示。

| 提示 |

如果要复制生成的内容，可单击【复制】按钮🔲进行复制。

第5步 Copilot会基于DALL·E 3模型进行图像生成，如下图所示。

第6步 单击任意一图像，浏览器就会打开【图像创建器】窗口，用户可以预览图像，并可单击【下载】按钮将其下载，如下图所示。

第7步 Copilot支持对图像的分析，如将图片拖曳至撰写框中，如下图所示。

第8步 Copilot开始分析图片，并根据提示生成相关内容，如下图所示。

第9步 为了便于管理对话和保持不同主题间的边界清晰，可以单击【新主题】按钮，Copilot会清空当前聊天界面的内容，开启新的聊天主题，如下图所示。

12.1.3　Microsoft Edge 浏览器中的 Copilot

Copilot嵌入了Microsoft Edge浏览器，不仅能够实时分析网页内容，为用户提供相关资讯的概览或深入解读，还能够根据用户的搜索历史和兴趣偏好，推荐个性化的阅读材料和学习资源。Microsoft Edge中的Copilot在信息的筛选与整理方面表现得尤为出色，例如，它能自动总结长篇文章的关键点，让用户在短时间内获取核心信息。

第1步 在浏览网页时，单击Microsoft Edge浏览器边栏上的【Copilot】图标，打开Copilot窗格，在撰写框中输入"@"，在弹出的列表中选择【此页面】选项，如下图所示。

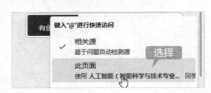

第2步 输入指令，然后单击【提交】按钮，如下图所示。

第3步 即可生成该页面的内容摘要，如下图所示。

12.1.4 Office 中的 Copilot

在 Microsoft 365 套件中，Copilot 的存在让办公软件不再是简单的文档编辑工具，而是一个具备深度理解能力的创作伙伴。无论是 Word 中的文档撰写、Excel 中的数据分析，还是 PowerPoint 中的演示文稿制作，Copilot 都能根据用户的需求提供智能化建议。

> **提示**
>
> 目前，Copilot 仅适用于 Microsoft 365 版本，其他 Office 版本暂不支持。

例如，在 Word 中，Copilot 可以根据用户输入的内容自动生成文章大纲，甚至还可以帮助用户润色句子，提高文案质量；在 Excel 中，它能识别数据模式，提出预测模型和图表建议，使数据分析更为直观高效；在 PowerPoint 设计阶段，Copilot 能够基于演讲的主题和内容，智能推荐幻灯片布局和视觉元素，大大节省了设计时间。此外，Copilot 还提供了跨文档的引用查找、自动摘要生成等功能，这些功能不仅极大地提高了办公效率，更激发了用户的创造性思维。

12.2 快速生成文档的草稿

Word 中的 Copilot 功能支持在文档环境中即时生成内容。相较于网页版 AI 模型，Copilot 免去了在不同平台间切换的烦琐，确保了创作的连贯性与便捷性。这样一来，无论是构思文档初稿，还是深化内容，都变得既直观又灵活，极大提高了工作效率，为用户带来了前所未有的创作体验。

本节以生成一份"月度工作总结"为例，介绍 Copilot 使用方法。

第1步 新建一个 Word 文档，可以看到唤起 Copilot 的方法，即单击 图标或按【Alt+I】组合键，如下图所示。

选择图标或按 Alt + i 以使用 Copilot 进行草稿

第2步 弹出【使用Copilot撰写草稿】对话框，如下图所示。

第3步 在撰写框中输入指令，然后单击【生成】按钮，如下图所示。

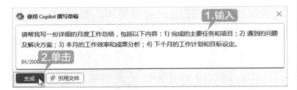

第4步 此时Copilot根据指令生成相关内容，在生成过程中，如果要停止，则单击【停止生成】按钮或按【Esc】键，如下图所示。

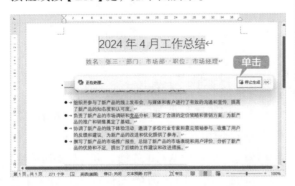

第5步 内容生成完以后，单击【保留】按钮，会退出Copilot助手。如果要放弃生成的内容，则单击【放弃】按钮；如果对内容不满意则单

击【重新生成】按钮，如下图所示。例如，这里单击【重新生成】按钮。

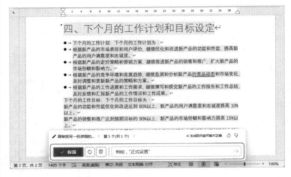

第6步 Copilot重新生成文档，如下图所示。

第7步 可以单击【上一个草稿】按钮＜或【下一个草稿】按钮＞，进行切换查看，例如，单击【上一个草稿】按钮＜，即可切换至前面生成的文档草稿，如下图所示。

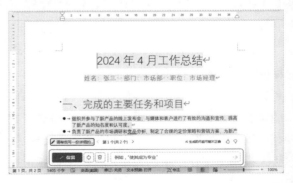

第8步 在撰写框中，还可以输入调整指令，然

后单击【生成】按钮，如下图所示。

第9步 Copilot会根据指令信息重新生成草稿内容，如下图所示。

第10步 单击【保留】按钮，即可退出Copilot对话框，并在文档中显示草稿内容，此时可以根据需求对草稿内容进行编辑，如下图所示。

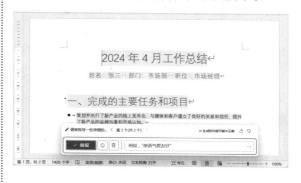

12.3 续写文档内容

在进行文字创作时，若遇到创作瓶颈或不知如何拓展思路，可以向Copilot求助。它能够智能地分析现有文本的上下文，为用户提供富有启发性的续写建议，为用户的写作之旅注入源源不断的灵感。

第1步 将光标定位至新的空白行，然后单击Copilot图标 ✍，或按【Alt+I】组合键，如下图所示。

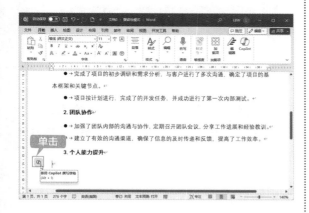

第2步 弹出【使用Copilot撰写草稿】对话框，单击【给我鼓舞】按钮，如下图所示。

第3步 Copilot会根据上下文生成新的草稿内容，用户可以根据需求进行调整，如下图所示。

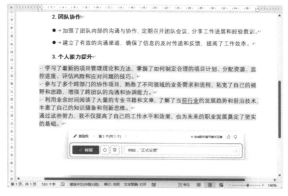

12.4 引用文档进行快速撰写

Copilot可以基于已有的文件进行内容的撰写，无论是续写、扩展，还是基于现有材料进行创新，这一功能都可以大幅提高工作效率，让撰写变得简单而高效。

第1步 在Word文档中按【Alt+I】组合键，打开【使用Copilot撰写草稿】对话框，单击【引用文件】按钮或在撰写框中输入"/"，如下图所示。

第2步 弹出文件列表，选择要引用的文件，如下图所示。

提示

使用【引用文件】功能需要注意以下3点。

- 该功能仅支持引用保存在OneDrive或SharePoint中的文件。
- 该功能仅支持引用Word或PowerPoint文件。
- 最多只能引用3个文件。

第3步 引用文件后，输入指令，单击【生成】按钮，如下图所示。

第4步 Copilot基于引用的文档，根据指令进行内容生成，如下图所示。

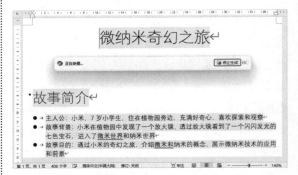

12.5 对文本进行重写润色

我们可以借助Copilot进行润色操作，它不仅可以分析文本内容，而且能够将原始文本转化为更加生动、富有表现力和感染力的版本。另外，Copilot还可以根据需求调整文本的语言风格，确保文本能够精准传达意图，满足不同场景的使用需求。

第1步 选择要润色的文本，单击文本旁的 Copilot图标 ✍️ ，在弹出的列表中，选择【使用 Copilot重写】选项，如下图所示。

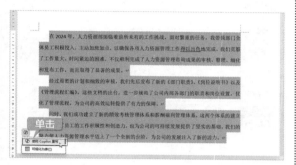

第2步 Copilot根据所选文本进行重写，如下图所示。

第3步 如果要修改文本的语言风格，可单击【调整音调】按钮 ≣ ，弹出的列表中有5种语言风格，这里选择【简洁】选项，然后单击【重新生成】按钮，如下图所示。

第4步 Copilot会根据新的要求生成内容，如果要使用新生成的内容，既可以单击【替换】按钮，新内容将替换原始文本，也可以单击【在下方插入】按钮，将新内容插入原始文本下方，如下图所示。这里单击【在下方插入】按钮。

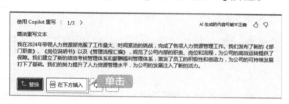

第5步 将生成的文本，插入原始文本下方，如下图所示。

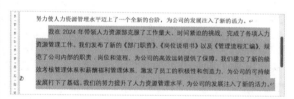

12.6 使用 Copilot 将文本转换为表格

在Word文档编辑过程中，如果遇到需要将文本信息整理成表格的情况，Copilot可以大显身手。这个功能可以将一系列数据或信息快速转换为表格格式，从而提高文档的可读性和条理性。用户仅需选择相应的文本，Copilot便能识别其中的逻辑关系，并将其自动转换成整洁的表格格式。

第1步 选择要转换为表格的文本，单击文本旁的Copilot图标 ✍️ ，在弹出的列表中选择【可视化为表】选项，如下图所示。

第2步 Copilot会将内容汇集并转换为表格，单击【保留】按钮，即可插入表格，如下图所示。

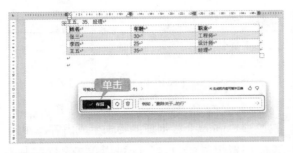

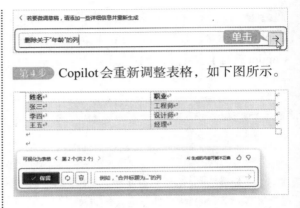

 如果需要对表格进行调整，可以在撰写框中输入详细的指令，例如，删除关于"年龄"的列，单击【生成】按钮，如下图所示。

12.7 与 Copilot 聊天，助你编写和总结文档

在 Word 中，除了使用 Copilot 图标快速访问 Copilot 功能，还可以打开 Copilot 聊天窗格界面，通过聊天的方式让它帮助我们编写和总结 Word 文档。

12.7.1 对文档内容进行总结

Copilot 的 AI 技术特别擅长总结长篇文档，让用户无须逐字逐句地阅读，即可快速把握文档的核心内容，极大地节省了时间和精力，使得处理长篇文档变得更加高效和便捷。

第1步 打开要提炼的 Word 文档，单击【开始】选项卡下的【Copilot】按钮，如下图所示。

第2步 右侧弹出【Copilot】窗格，选择【总结此文档】选项，如下图所示。

> **| 提示 |**
>
> 如果无该选项，可在撰写框中输入"总结此文档"指令，单击【发送】按钮。

第3步 Copilot 响应提问，并对文档进行总结，如下图所示。

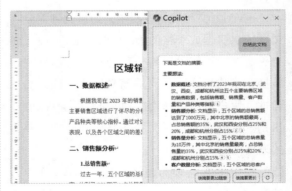

第4步 单击生成文本最后的"引用"右侧的下拉按钮∨，如下图所示。

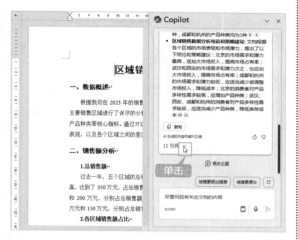

第5步 可以看到引用的文档内容的详细列表，如下图所示。

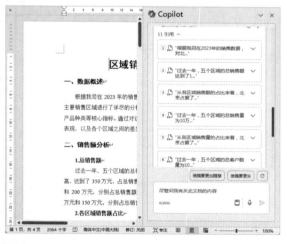

第6步 单击引用中的编号，可以跳转到文档中的确切位置，如下图所示。

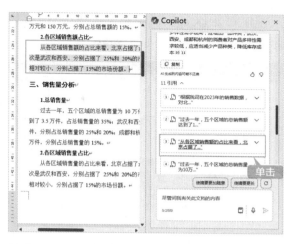

第7步 如果对总结的内容不满意，可以提出新的要求，单击【发送】按钮➤，如下图所示。

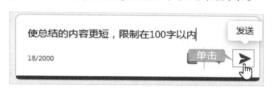

第8步 Copilot 响应新的指令，并生成内容，如下图所示。

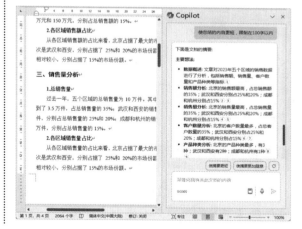

12.7.2 询问此文档中的有关问题

在阅读文档时，用户可以便捷地向 Copilot 提问，从而迅速获取答案，这不仅极大地提升了用户理解文档的效率，还有助于用户精准地捕捉到文档中的关键信息。

第1步 打开【Copilot】窗格，选择【询问有关此文档的问题】选项，如下图所示。

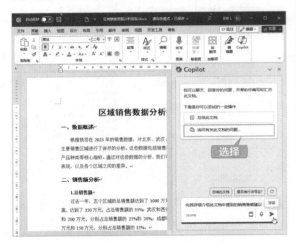

第2步 输入框中会自动填入"问题："文字，用户输入想要提问的问题，单击【发送】按钮即可，如下图所示。

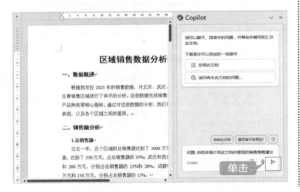

第3步 Copilot会提炼文档内容，对用户提出的问题进行回应，如下图所示。

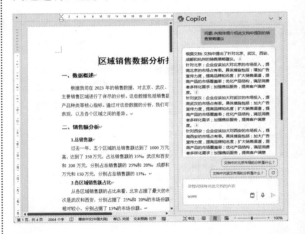

第4步 用户可以单击下方推荐的相关问题，Copilot都会进行回应，如下图所示。

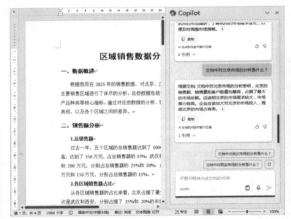

12.7.3 快速实现多语言翻译

Copilot的多语言处理能力，可以轻松实现文档的多语言翻译。无论是中文、英文还是其他任何语言，Copilot都能快速、准确地翻译文档内容。

第1步 打开【Copilot】窗格，在撰写框中输入翻译指令，如"将文档翻译成英文"，单击【发送】按钮，如下图所示。

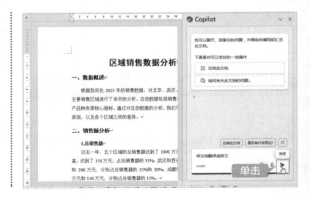

第2步 Copilot进行翻译，并生成翻译内容，用户可以根据需求将其复制到文档中，如下图所示。

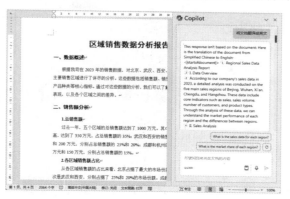

12.7.4 寻求操作帮助

Copilot不仅具备基于当前文档内容进行处理和总结的能力，还能解答关于Word操作的各种疑问，为用户提供实用的操作指导。

第1步 在【Copilot】窗格的撰写框中输入指令，单击【发送】按钮，如下图所示。

第2步 Copilot会生成相关问题的操作步骤，如下图所示。

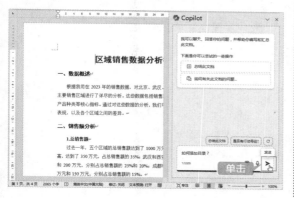

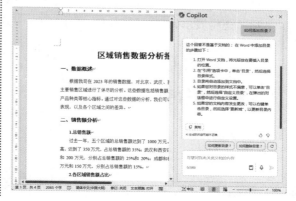

第 13 章
Copilot 助力数据处理与分析

本章导读

　　本章将介绍如何使用 Copilot 来提升数据处理与分析的效率和准确性。从准备 Excel 工作簿的详细步骤，到数据的突出显示、排序和筛选，再到数据分析的图表和数据透视表的快速创建，一步步引导读者掌握使用 Copilot 进行数据处理的方法。此外，我们还将详细介绍如何使用 Copilot 生成公式列，根据需求定制计算公式，并解读公式的含义。最后，还将展示如何利用 Copilot 生成 VBA 代码，以进一步提高工作效率。

思维导图

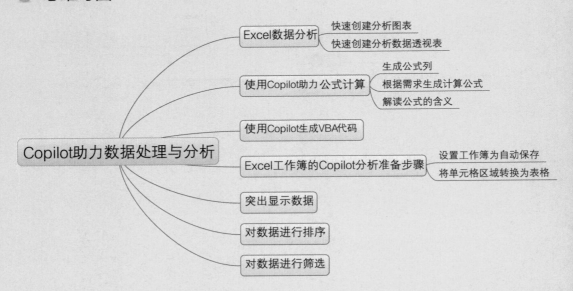

13.1 Excel 工作簿的 Copilot 分析准备步骤

在使用Copilot进行数据处理和分析之前，需要确保Excel工作簿已做好充分的工作。

13.1.1 设置工作簿为自动保存

为了确保Excel工作簿能够顺畅地使用Copilot的数据分析功能，需要将工作簿设置为"自动保存"，将其保存在OneDrive云存储中，这样做可以保证文件的可访问性和同步性，使Copilot可以实时访问和更新数据。

第1步 打开要操作的工作簿，单击【开始】选项卡下的【Copilot】图标，即可打开其任务窗格。如果工作簿未设置"自动保存"，则提示需要启用该功能，单击【启用"自动保存"】按钮，如下图所示。

| 提示 |

用户也可以单击快速访问功能区的【自动保存】右侧的按钮，将其设置为"开启"。

第2步 弹出【如何启用"自动保存"？】对话框，选择OneDrive账户，如下图所示。

第3步 此时，快速访问工具栏中的【自动保存】右侧的按钮为"开启"状态，表示已开启该功能，如下图所示。

13.1.2 将单元格区域转换为表格

Copilot的数据分析功能在处理结构化数据时效果最佳。因此，在开始使用Copilot之前，应该将相关数据区域转换为表格格式。

第1步 单击【插入】选项卡下【表格】组中的【表格】按钮，如下图所示。

第2步 弹出【创建表】对话框，单击❖按钮，如下图所示。

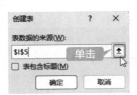

第3步 单击❖按钮，然后选择数据的单元格区域，如下图所示。

第4步 勾选【表包含标题】复选框，单击【确定】按钮，如下图所示。

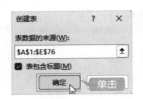

第5步 将所选单元格区域转换为表格，如下图所示。

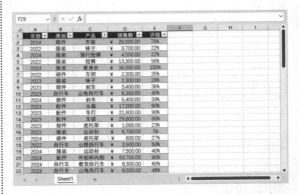

另外，选择数据区域，单击【开始】选项卡下【样式】组中的【套用表格格式】下拉按钮，为其套用表格样式，即可快速将数据区域转换为表。

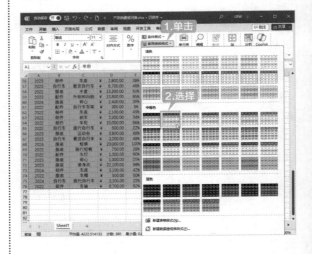

13.2 突出显示数据

利用Copilot突出显示Excel中的数据，不仅可以提高数据的可读性，还可以加速数据的分析过程。

第1步 选择表格区域中的任意一个单元格，单击【开始】选项卡下的【Copilot】图标⚙，即可打开其任务窗格。在撰写框中输入指令，如"第一列加粗显示"，单击【发送】按钮，如下图所示。

第2步 Copilot将"年份"列加粗显示，如下图所示。如果要撤销操作，可单击【撤销】按钮。

第3步 需要将E列设置为"红色"，输入指令后，单击【发送】按钮，如下图所示。

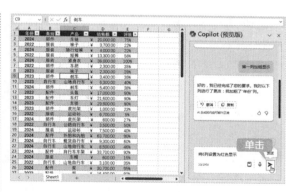

第4步 Copilot会将E列设置为红色，效果如下图所示。

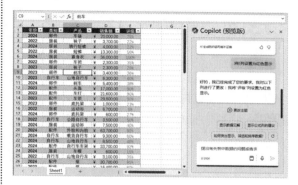

13.3 对数据进行排序

在分析数据时，排序是不可或缺的一环，使用Copilot可以简化数据排序过程，提高数据的分析效率。

第1步 在撰写框中输入排序指令，如"从大到小对销售额进行排序"，单击【发送】按钮，如下图所示。

第2步 销售额按照从大到小的顺序依次排列，如下图所示。

第3步 除了单条件的排序，也可以进行复杂的多条件排序，输入指令，单击【发送】按钮，如下图所示。

如下图所示。

第4步 Copilot 即可根据多条件提示进行排序，

13.4 对数据进行筛选

在处理海量 Excel 数据时，筛选关键信息至关重要。利用 Copilot 插件有效筛选数据，将大大提高工作效率和数据分析的深度与广度。

第1步 在撰写框中输入排序指令，如"筛选出年份为2024的数据"，单击【发送】按钮，如下图所示。

第2步 Copilot 根据筛选条件筛选出结果，如下图所示。

第3步 在撰写框中输入复杂的筛选指令"筛选出销售额大于20000的'车轮'产品项"，单击

【发送】按钮，如下图所示。

第4步 Copilot 筛选出新的结果，如下图所示。

13.5 Excel 数据分析

在 Excel 中，Copilot 插件不仅能够智能分析工作表中的数据，还能以图表或数据透视表的形式直观地展示分析结果。

13.5.1 快速创建分析图表

在 Excel 中，将数据转化为图表是一种强有力的可视化手段。Copilot 作为一款先进的数据分析工具，能够迅速地对复杂数据集进行处理并生成清晰的图表，从而帮助用户洞察数据趋势和模式。

第1步 单击表格区域的任意单元格，单击【Copilot】图标，打开【Copilot】任务窗格，单击【分析】选项，如下图所示。

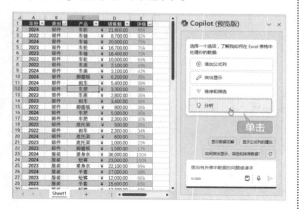

第2步 在撰写框中输入指令，提出有关数据的问题或描述想要了解的内容，如下图所示。

> **| 提示 |**
>
> 用户可以选择推荐的指令，也可以通过【刷新】按钮 ○ 获取更多的推荐指令。

第3步 此时在任务窗格中生成相关图表，若要将图表添加到工作表中，则单击【添加到新工作表】按钮，如下图所示。

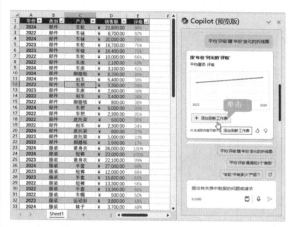

第4步 将图表添加到 Sheet2 工作表中，如下图所示。

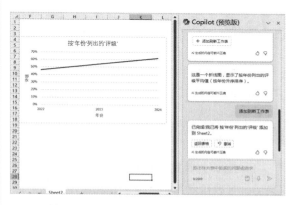

13.5.2　快速创建分析数据透视表

数据透视表是Excel中一个强大的分析工具，可以快速对数据集进行汇总、分析和呈现。而Copilot进一步简化了这一流程，它能够智能识别数据关系，一键生成数据透视表，让用户以前所未有的速度获取对数据的深入了解。

第1步　在撰写框中输入指令，如"按'产品'列出'总销售额'"单击【发送】按钮，如下图所示。

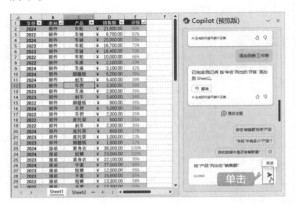

第2步　此时在任务窗格中生成相关数据透视图表，单击【添加到新工作表】按钮，如下图所示。

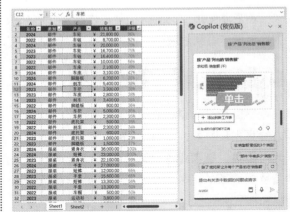

第3步　新建工作表，并显示在工作表中，如下图所示。

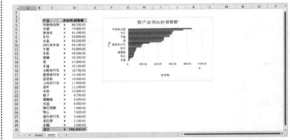

13.6　使用 Copilot 助力公式计算

在数据分析和处理工作中，准确的公式计算是获取洞见和驱动决策的关键步骤。使用Copilot不仅可以快速生成公式列，还可以帮助用户根据特定需求定制计算公式，并加深对公式含义的理解。

13.6.1　生成公式列

Excel作为数据分析和处理的强大工具，其核心功能之一在于使用各种公式来操纵和解读数据。Copilot可以帮助用户快速创建和应用公式列，即使是那些复杂的、嵌套的公式也变得易如反掌。

第1步　打开要分析的工作簿，选择表格区域中的任意单元格，打开【Copilot】任务窗格，单击【添加公式列】选项，如下图所示。

第2步 在撰写框中输入指令，单击【发送】按钮，如下图所示。

第4步 此时在F列插入"销售金额"的公式列，如果生成的内容与需求有差异，则可单击【撤销】按钮撤销操作，如下图所示。

第3步 Copilot根据表格数据生成公式，单击【插入列】按钮，如下图所示。

13.6.2 根据需求生成计算公式

在处理Excel工作表时，准确高效地创建计算公式对于得出正确的数据洞见至关重要。然而，手动编写复杂公式既费时又易出错，Copilot可以帮助用户快速生成标准和复杂的计算公式。

第1步 在撰写框中，输入公式的需求指令，单击【发送】按钮，如下图所示。

第2步 Copilot根据表格数据及用户需求生成计算公式，如下图所示。

第3步 将公式复制到H2单元格中，按【Enter】键确认，如下图所示。

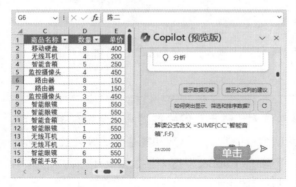

第4步 计算出结果，如下图所示。

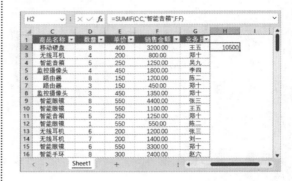

13.6.3 解读公式的含义

当面对复杂的Excel公式时，Copilot能够帮助用户快速理解其背后的逻辑和计算过程，从而加深用户对函数与公式的理解。

第1步 在撰写框中，输入指令，单击【发送】按钮，如下图所示。

第2步 对公式进行解读，如下图所示。

13.7 使用Copilot生成VBA代码

在第7章中，我们介绍了如何利用AI模型来生成VBA代码。同样地，Copilot也能够提供生成VBA代码的功能。只需描述代码需求，Copilot便能迅速理解并编写出相应的代码，从而极大地提高用户在数据处理和分析方面的工作效率。

第1步 在撰写框中输入指令，单击【发送】按钮，如下图所示。

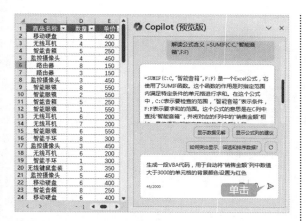

开【Visual Basic】编辑器，双击左侧窗口中的"Sheet1"对象，并将代码复制到右侧打开的窗口中，如下图所示。

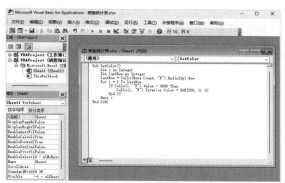

第2步 Copilot根据需求生成相应的代码，如下图所示。

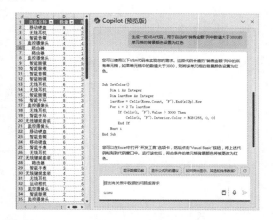

第3步 复制代码，按【Alt+F11】组合键打

第4步 按【F5】键运行该段代码，检验代码的正确与否，如下图所示。

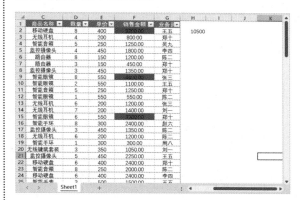

第 14 章

Copilot 助力演示设计与制作

本章导读

　　本章将探讨如何利用 Copilot 这一智能工具，高效创建并优化演示文稿。我们将详细介绍如何添加幻灯片、图像及提炼摘要，带大家进入一场轻松愉快的演示文稿制作之旅。

思维导图

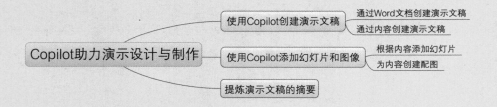

14.1 使用 Copilot 创建演示文稿

使用Copilot可以极大提高创建演示文稿的效率。下面将详细介绍如何基于Word文档内容和使用AI工具通过内容快速生成专业的演示文稿。

14.1.1 通过 Word 文档创建演示文稿

Copilot能够智能分析Word文档的内容，并据此生成精炼的大纲，进而快速构建出一份演示文稿的初稿。在使用之前需要将Word文档保存到OneDrive中，再执行以下操作。

第1步 打开PowerPoint，新建一个空白演示文稿。单击【开始】选项卡下的【Copilot】图标，如下图所示。

第2步 弹出【Copilot】窗格，单击【通过文件创建演示文稿】选项，如下图所示。

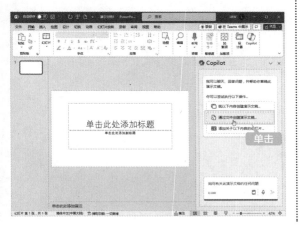

第3步 在建议列表的文件中，选择要创建演示文稿的Word文件，如下图所示。

> **提示**
>
> 除了从建议列表中选择文件，还可以搜索文件或粘贴Word文档的路径。

第4步 将文件添加到撰写框中，单击【发送】按钮，如下图所示。

第5步 Copilot根据文档内容生成大纲，并显示

生成幻灯片的进度，如下图所示。

第6步 最后，会显示创建的演示文稿草稿，用户可以根据需求进行修改，如下图所示。

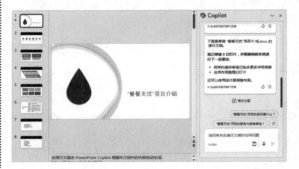

14.1.2 通过内容创建演示文稿

借助Copilot的内容创建功能，我们能够迅速且专业地生成高质量的演示文稿，确保展现出卓越的专业素养和高效的信息传递能力。

第1步 打开PowerPoint，新建一个空白演示文稿。打开【Copilot】窗格，单击【就以下内容创建演示文稿】选项，如下图所示。

第2步 在撰写框中输入内容，单击【发送】按钮，如下图所示。

| 提示 |

无论是在撰写框中输入演示文稿的大纲，还是输入演示文稿的主题，Copilot都可以基于这些内容创建草稿。

第3步 Copilot根据内容创建演示文稿草稿，如下图所示。

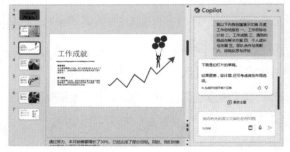

14.2 使用 Copilot 添加幻灯片和图像

本节讲述如何使用Copilot为演示文稿添加幻灯片和为幻灯片内容创建配图。

14.2.1 根据内容添加幻灯片

Copilot可以根据用户提出的内容需求，增加幻灯片页面。

第1步 在撰写框中，输入要添加幻灯片的指令需求，单击【发送】按钮，如下图所示。

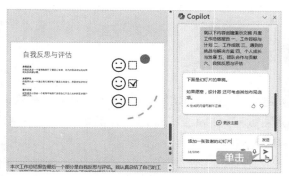

第2步 Copilot快速创建一张幻灯片草稿，如下图所示。

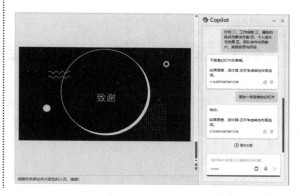

14.2.2 为内容创建配图

Copilot能够根据提供的指令，高效地生成幻灯片所需的精美配图。

第1步 在撰写框中输入指令需求，单击【发送】按钮，如下图所示。

第2步 Copilot会生成配图，并插入幻灯片中，如下图所示。如果对图片不太满意，可以执行撤销操作，然后重新生成配图。

第3步 确定配图后，调整图片大小及位置，效果如下图所示。

14.3 提炼演示文稿的摘要

当演示文稿内容过于冗长时，可以借助 Copilot 对其进行总结，以便快速把握其核心内容和要点。

第1步 打开要提炼的演示文稿，打开【Copilot】窗格，单击【总结此演示文稿】选项，如下图所示。

第2步 Copilot 会提炼幻灯片的摘要，如下图所示。